贪玩的人类

——写给孩子的科学史

HISTORY OF SCIENCE FOR CHILDREN

③

第 三 次 浪 潮

老多/著 郭警/绘

CTS 湖南少年儿童出版社
PUBLISHING & MEDIA
HUNAN JUVENILE & CHILDREN'S PUBLISHING HOUSE

图书在版编目（CIP）数据

贪玩的人类：写给孩子的科学史 . 3, 第三次浪潮 / 老多著；郭警绘 .
— 长沙 ：湖南少年儿童出版社 ,2022.2
ISBN 978-7-5562-5866-6

Ⅰ . ①贪… Ⅱ . ①老… ②郭… Ⅲ . ①自然科学史－
世界－青少年读物 Ⅳ . ① N091-49

中国版本图书馆 CIP 数据核字 (2021) 第 055787 号

CS 贪玩的人类——写给孩子的科学史

TANWAN DE RENLEI —— XIEGEI HAIZI DE KEXUE SHI

③第三次浪潮

③ DI-SAN CI LANGCHAO

总 策 划：周　霞		策划编辑：刘艳彬	
责任编辑：刘艳彬		营销编辑：罗钢军	
装帧设计：任凌云　仙境设计		内文排版：传城文化	
质量总监：阳　梅			

出 版 人：刘星保
出版发行：湖南少年儿童出版社
地　　址：湖南省长沙市晚报大道 89 号（邮编： 410016）
电　　话：0731-82196340 82196341（销售部） 82196313（总编室）
传　　真：0731-82199308（销售部） 82196330（综合管理部）
常年法律顾问：湖南崇民律师事务所　柳成柱律师
印　　刷：当纳利（广东）印务有限公司
开　　本：710 mm×980 mm　1/16
印　　张：8.5
版　　次：2022 年 2 月第 1 版
印　　次：2022 年 2 月第 1 次印刷
书　　号：ISBN　978-7-5562-5866-6
定　　价：39.80 元

目录

第一章　玩豌豆的孟德尔

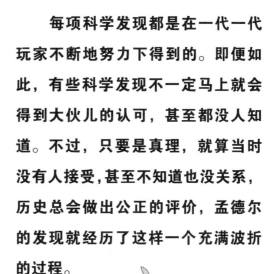

每项科学发现都是在一代一代玩家不断地努力下得到的。即便如此，有些科学发现不一定马上就会得到大伙儿的认可，甚至都没人知道。不过，只要是真理，就算当时没有人接受，甚至不知道也没关系，历史总会做出公正的评价，孟德尔的发现就经历了这样一个充满波折的过程。

前文说过当年让达尔文感到非常头疼的问题是地球的年龄，这个问题后来被地质学家解决了。

除了地球的年龄，还有一个让达尔文不能安心的问题，这个问题是由玩遗传学的玩家提出来的，而且这个问题对于达尔文的进化论更加致命。

达尔文认为，生物的进化依赖物种的遗传和变异，而且达尔文更注重变异。他认为造成物种变异的原因就是生物对自然环境的适应，最著名的例子就是"达尔文燕"。1835 年"贝格尔号"到达太平洋上的加拉帕戈斯群岛，这个群岛在赤道附近，由许多大大小小的岛屿组成。由于每个岛的地理状况不同，动植物分布也有差别。达尔文在那里看到一种小鸟——燕雀。他发现生活在不同岛屿上的燕雀的嘴（喙）长得不一样，嘴的大小和这个岛上可以吃到的食物有关，比如，要是这个岛上的植物会结出比较大的果实，燕雀的嘴就长得很大；而另一个岛上没有果子只有虫子，燕雀的嘴就长得完全不一样了。他发现随着环境的不同，鸟的嘴发生了明显的变化。这个发现是达尔文产生进化论思想很重要的原因之一，也就是我们现在说的"物竞天择，适者生存"的起源。在发表《物种起源》之前，达尔文为此做了很多实验和考察，主

要是对人类驯养的动植物进行观察，比如，花或者小狗，只不过这些被驯养的动植物是按照人类的意志在选择和变异。

变异如果想一代代地传下去，就要依靠遗传了。但是遗传真的可以做到把由于食物，或者环境的不同而发生的变异传给后代吗？现在大家都知道是可以的，可那时候还不知道，不仅如此，当时还有另外一种遗传理论，叫做"杂交的湮没效应"。这个观点提出了这样的质疑：假如变异是能被遗传下去的，那怎么才能遗传下去呢？一个发生变异的个体和没有发生变异的同类之间交配，变异会不会被消灭掉呢？达尔文还真回答不了这个问题，所以他感到了压力。

在 20 世纪以前，虽然生物科学已经有了很大的发展，如细胞学、胚胎学还有生理学等。玩家们有了显微镜，似乎啥都可以看见了，但是唯独玩遗传学的还很少。所以弄得达尔文自己都不断责问自己：进化论是不是提出得太草率了？

那啥叫遗传呢？遗传（heredity）按照《简明不列颠百科全书》的解释是："导致亲子间性状相似的种种生物过程的总称。"啥意思？没看懂！其实就是爸爸和妈妈跟他们的孩子（亲子）之间很多非常相似的特征（性状相似），比如，脸蛋长得像老爹，手长得像妈妈等，造成这些相似的生物过程就是遗传。最说明问题的例子就是：一位可爱的太太生了个大胖小子，结果医生给抱错了，怎么办？做亲子鉴定啊。亲子鉴定以前是用血型，现在可以用遗传基因 DNA 来做，而且肯定不会忽悠人。无论血型或者 DNA 都是运用了遗传的原理。

在很古老的时代就已经有人对遗传的事情感到好奇，并且开始玩了。比如亚里士多德就说过，性状的遗传是靠血液完成的，他还说精液就是纯化了的血液。咋啥事儿古希腊都有人玩啊？古希腊人也太厉害了！不过古希腊人只是提出了问题，并没有搞明

白到底是怎么回事，精液对于遗传确实起着很重要的作用，可哪里是什么纯化的血液，根本就是两码事。

现代的遗传学（Genetics）属于生物科学的范畴，按照《简明不列颠百科全书》的解释是："研究基因的传递及其作用方式的生物学分支。"

不过在真正的生物学出现以前，遗传学就像亚里士多德说的那样，基本是属于不靠谱的瞎猜。但无论如何生物学是人类最早能叫做科学的一门学问。因为我们要吃东西，人又不像植物，可以直接把无机的物质，如金属或者其他元素变成能填饱肚子的营养。人必须吃蛋白质、脂肪还有淀粉之类的所谓有机食物才能活下去，所以"面朝黄土背朝天"地种庄稼，以及抢着大棍子去打野兽的事儿，都是为了解决肚子的问题。在种地以及和野兽玩死亡游戏的时候，有些好奇和爱玩的人就开始琢磨这些植物和动物，这种好奇和玩就是生物学的老祖宗。

经过 2000 多年玩家不断地探索，再加上各种技术的发展，如 X 射线和显微镜让玩家能更清楚地看到生物的细节，生物学也就变得越来越好玩了。

人类最早对生命现象的描述应该是由前面说过的泰勒斯、他

的学生阿那克西曼德、亚里士多德等古希腊的玩家们做出的。他们出于好奇，对各种生命现象做了很多观察，并以他们当时可以做出的判断得出了一些结论。那时他们很想寻找生命的本源，也就是生命出现的终极原因。中世纪神来了，于是生命毫无悬念地成为神创造的玩意儿——原来生命的终极原因在神那里。后来不太相信神的人又开始玩，他们发现终极原因并不那么重要，亚里士多德当年说过的分类似乎更好玩，而且他们发现了比亚里士多德说过的种类更多的生物，于是就去玩分类和解剖，比如，蜘蛛和猫分别是属于什么纲、什么目、什么属、什么种；对一只狐狸进行解剖就可以研究狐狸的器官和骨骼，看看它为什么能这么狡猾——夜里偷鸡的时候居然没有被人发现。这些在当时被叫做博物学。

把博物学变成生物学这门学科的标志应该是植物和动物细胞的发现。最早用显微镜看见细胞并且为其命名的是 17 世纪英国一个叫罗伯特·胡克（Robert Hooke，公元 1635 年 — 公元 1703 年）的人，他喜欢玩显微镜。不过那时候的显微镜和现在的根本不一样，其实只是把一个放大镜安放在一个架子上，通过带放大镜的架子去看一些小东西。胡克利用显微镜发现，做瓶塞的木栓里有蜂窝状的结构。他把这些蜂窝起名叫细胞（cell），这个词来自拉丁文的"小房间"（cellula）。可胡克并没有搞清这些小房间是咋回事。大约 200 年以后，另外两个德国玩家施莱登（Matthias Jakob Schleiden，公元 1804 年 — 公元 1881 年）和施旺（Theodor Schwann，公元 1810 年 — 公元 1882 年）用更先进的显微镜把这些"小房间"里的事情基本搞清楚了，并提出细胞是植物和动物最基本的生命单位。

不过玩家们玩着玩着，又发现许多更好玩的事情，比如，青蛙是咋弄出一堆蝌蚪，或者我们吃下去的牛肉馅饼是咋消化的等。这些就是现代生物学要研究的事情。据说现代生物学的鼻祖应该算到一个德国神父斯帕兰扎尼（L. Spallanzani，公元 1729 年 — 公元 1799 年）的身上。他玩得也确实很地道，他是世界上第一个玩人工授精和消化实验的人，他先用鸟做实验，把一个装了肉的金属笼让鹰吞下去，过一段时间取出来发现肉没了。这还不过瘾，他开始用自己做实验，他吞下一个包着面包的布袋，23 小时以后取出来，面包也不见了。他用这些差点把自己噎死的实验证明了胃的消化功能。他玩这些事都是在 1799 年以前，因为他死于 1799 年。

有点跑题了，回到遗传上来。

第一个去研究遗传到底是咋回事的应该是前面说过的拉马克，拉马克提出了自身的进化倾向和获得性遗传的理论——用进废退，还讲述长颈鹿脖子越长越长的故事。达尔文比较赞成他的理论，在他的《物种起源》里曾多次提到。达尔文很赞成变异就是依靠获得性遗传才成功传给下一代的说法。

不过拉马克主要是用解剖和观察的方法去研究生物的遗传，所以在遗传学领域除了获得性遗传，再没玩出什么新玩意儿。但

是从他那里玩家们看到了进化思想的曙光。

遗传与交配或杂交有关，这个拉马克没研究过，不过好在有人研究。有一个瑞士的药剂师，叫让－安托尼·克拉东（Jean-Antoine Colladon，公元 1755 年 — 公元 1830 年），在 1820 年做了一些白老鼠和灰老鼠的杂交实验。为啥用老鼠做实验不用其他小动物呢，如小猫和小狗？估计是因为老鼠生孩子比较频繁，一个月就能生一窝小崽子。所以直到现在，科学家还是喜欢用老鼠做实验，这事儿也不知是不是从克拉东开始的。一位现代的科学家罗斯唐对克拉东玩的这些事儿评价说："这些产生非凡影响的实验给动物遗传学引进了一个'设备'，这个设备后来得到大量和富有成果的应用。"他说的设备估计就是指用来做实验的老鼠

们。

克拉东在实验时发现了一些很有趣的现象，例如，杂交以后，会出现整窝的小老鼠都是白的或者都是灰的，而且这种情况可以维持好几代。于是，遗传学初现端倪。

其实杂交会对生物造成某些改变的事儿，老早以前就已经被大家所了解：为了得到更高产的稻种、更大更甜的苹果，或者是更有力气的牲口，人类早就学会利用嫁接和杂交了。但无论果树的嫁接或者牲口的杂交，人们只知道下一代会咋样，再下一代会怎样就不太清楚了，而且好像什么可能性都有，似乎没有什么规律可循。

那么，遗传到底有没有规律？这个问题就需要更大的玩家来回答了。

当达尔文正在为自己的进化论感到郁闷的时候，在英国的东南边——奥地利的一个修道院里，一个人正在默默无闻地玩着一些事情。他的名字叫孟德尔（Gregor Johann Mendel，公元 1822 年 — 公元 1884 年），他正在玩豌豆。

孟德尔出身贫寒，父母是很穷的农民，估计是贫农，因此孟德尔小时候没有受到什么正规的教育，只是在教会学校学习了一

些神学。不过农村的生活让他看到了很多不同的植物。田野里的庄稼、蔬菜和花园里绚丽的花朵十分吸引他。长大以后为了生存他进了家乡的修道院，成为一个虔诚的修士。孟德尔天资聪慧，又十分好学，修道院也觉得这小子不错，于是把他送到首都维也纳大学去读书。修道院还真是没看走眼，维也纳大学关于自然科学的学习让孟德尔如虎添翼。30 多岁的孟德尔又回到家乡的修道院，并在一个学校当老师。

在修道院做修士和当老师期间，孟德尔花了很长时间做豌豆的杂交实验。为啥要拿豌豆做实验呢？估计奥地利人比较喜欢吃豌豆（大家也都喜欢吃），开始时他准是想通过杂交培育出一种既好吃又高产的豌豆品种，以造福家乡。可几年下来，另外一些事情却更加吸引了他。那就是杂交以后豌豆出现的不同结果似乎暗含着某种规律，这让孟德尔大为兴奋，他想把这个规律找出来。于是，一代遗传学大师、一个伟大的玩家，就在豌豆田里产生了。

孟德尔用了 30 多种不同品种的豌豆进行杂交实验，其中有矮种和高种，白皮和灰皮，果实是光滑的和皱皮的等。豌豆是一种自花授粉的植物，所谓自花授粉就是指雄性的花粉和雌性的花蕊长在同一朵花上，花粉落在自家的雌蕊上，授粉（动物叫交配，

植物就是授粉）便宣告完成。所以不同种类的豌豆之间通过自然界几乎是不会杂交的，可以说豌豆是一种非常稳定的植物种类（看来选择拿豌豆做实验不光是因为好吃）。可孟德尔偏偏把不同种类的豌豆人为地进行杂交，就是想看看到底会出现什么怪事情。

豌豆的成熟期是一年，要想看到杂交的结果必须等待一年，这需要极大的耐心，如果不是对这件事充满了好奇和兴趣，谁没事去玩这个？这件事没人逼着他去干，完全是他自己想玩，就这

样，孟德尔在默默的工作中度过了 8 年的时间。

经过 8 年的精心实验和比对、统计，实验结果让孟德尔发现，遗传竟然是有规律的。于是孟德尔在培养新种豌豆造福家乡的初衷上，出炉了一篇对整个人类的科学都具有划时代意义的实验报告——《植物杂交实验》（1865 年）。在这篇报告里，孟德尔总结了自己的实验，提出了被后世称之为"孟德尔定律"的两个遗传学定律。

其实，孟德尔的最大贡献在于他将统计学引入了生物遗传学，就像伽利略和牛顿把数学引入物理学一样。这么一来，看似无法预测的结果，通过概率计算和统计分析，玩家们就可以得到正确的判断。丹皮尔这样评价孟德尔："孟德尔的发现的本质在于它揭示出，在遗传里，有某些特征可以看做是不可分割的和显然不变的单元，这样就把原子和量子的概念带到生物学中来……从物理学近来的趋势来看，这是饶富兴趣的事，因为这一理论把生物的特性化为原子式的单元，而且这些单元的出现与组合又为概率定律所支配。单个机体内孟德尔单元的出现，正如单个原子或电子的运动，是我们不能预测的。但我们可以计算其所具的概率，因此，按大数目平均来说，我们的预言可以得到证实。"

孟德尔另一个可贵的贡献是，他的遗传学定律为达尔文的进化论提供了强有力的支持。孟德尔的工作被后人称为是与细胞的发现和达尔文的《物种起源》可以相提并论的杰作。

不过对于这些美好的赞誉可怜的孟德尔自己并不知道，默默无闻的孟德尔把自己的实验报告在当时的一个博物学会上宣读以后，没有引起多少人的注意。虽然那些博物学家们也一个个满腹经纶，可对孟德尔云里雾里的数学描述几乎都没听懂。后来他又把实验报告寄给了当时非常著名的植物学家——德国的耐格里。耐格里也不懂数学，结果只草草看了一遍孟德尔的报告，根本没在意。自己多年实验的结果如此悲惨，弄得孟德尔非常灰心。不过他命好，1868 年被任命为修道院院长，当官了。当官以后他也没有闲工夫去玩遗传实验，就这样孟德尔的伟大发现被湮没在了一群不懂数学的玩家手里。

直到 1900 年，有 3 个生物学家几乎在同时发表文章声称自己独立发现了遗传定律。当出版机构在核查文献时，偶然发现，在 35 年前，有个叫孟德尔的修士早就有关于遗传定律的详细报告，这时候孟德尔才被大家重新发现，从此遗传学也走上了更加辉煌的道路。

第二章　玩出来的飞机和火箭

人类如今已经实现飞上蓝天、冲出大气层的梦想。我们要感谢那些具有超越时代想象力、创造力和顽强精神的玩家，是这些极为普通的，甚至在当时并不受人待见的玩家让人类梦想成真。

2019 年 10 月 1 日，在庆祝中华人民共和国成立 70 周年的盛大阅兵式上，威武的代表不同军兵种的飞行方阵从天安门上空飞过，其中有歼击机、轰炸机、空中加油机、预警机、直升机等各种机型。

坐飞机现在对于大家来说已经习以为常，尤其是坐在舷窗边俯瞰身下美丽大地的感觉，那叫一个爽。

除了飞机，还有火箭带领我们探索太空。1977 年 9 月 5 日，在美国佛罗里达州的卡纳维拉尔角，一枚巨大的火箭腾空而起，这枚取名叫泰坦号的火箭搭载着一个 800 多千克重的小东西——"旅行者 1 号"无人探测器飞出地球，奔向遥远的星际空间。1979 年它拜访了木星，1980 年拜访了土星，40 多年过去了，它还在继续往前飞。如今科学家仍然可以通过微弱的电波知道这个小东西的位置，它现在距离太阳 140 亿千米，已经到达太阳系的边缘，并且正以每秒 17.2 千米的速度向太阳系以外的蛇夫座方向飞去，据说几万年以后会和一颗编号为 AC+793888 的恒星擦肩而

过。此外，如今的太空旅行也成了一种赚钱的买卖，已经有好几个有钱人实现了自己的太空旅行梦。

飞翔自古以来就是人类的梦。

每当我们看着翱翔在天空的雄鹰，或者院子外面树林子里自由自在、飞来飞去的小麻雀，大家都会对这些会飞的生灵感到非常的羡慕。远古时代的人和我们一样，他们也非常羡慕这些会飞的家伙。而且古人对它们的羡慕可以说到了非常敬畏的地步，已经不是羡慕，而是崇拜。古人把一些会飞翔的动物作为图腾来祭拜。例如，古代的匈奴人、契丹人和女真人都崇拜鹰，傣族人崇拜孔雀。西方人也特别崇拜鹰，这种崇拜甚至延续到了今天，如现在西方不少国家的国徽上有鹰的图像。

另外人们对天上闪烁的星星，还有那个挂在天幕上，讲述着阴晴圆缺故事的月亮也充满了好奇。大家都很想知道小星星和月亮上到底是个啥样子，是不是也和我们周围的世界一样，有花有草，有各种生灵呢？于是对天的崇拜也在人类的记忆中成为千古之谜。

除了对鸟儿和天空的崇拜，人们还特别希望自己也能像鸟儿一样飞起来，甚至飞出地球，去亲眼看看星星和月亮。人类的想

象力是非常丰富的，几千年前就有人创作出许多美好的关于飞翔的故事。

在古希腊、古罗马的神话故事中，天使是长着一对翅膀的人，他们可以自由地飞翔在天地之间，为地上的人们传达天神的旨意。不仅有会飞的天使，古希腊的各路神仙玩得更先进，用现代的话来说就是玩时空转换。因为这些神仙并没有长翅膀，他们想去哪里，在一瞬间就可以到达，似乎不需要时间这个概念。中国的神话也是玩的这个套路，只是还需要一点点时间。玉皇大帝的各路神将是驾着云在天地间穿梭，孙悟空也要翻个跟头才能飞出十万八千里，还有偷了灵药飞上广寒宫的嫦娥。从因果关系上看，还是中国的玩法比较接近正常的思维，也具有视觉效果。

有些人也许被这些神话故事深深吸引，再加上对飞在天上的各种小鸟实在羡慕得不行，便试着玩起飞翔来了，而且越玩越出彩。就连伽利略小时候也给自己浑身绑上翅膀想试试飞起来的滋味，结果给摔了个鼻青脸肿。

那究竟是谁让人最终可以飞起来的呢？要实现飞的理想，当然需要玩家们丰富的知识，但仅仅凭着知识是完全不行的。实现飞的理想还要靠玩家们超越时代的想象力、创造力和顽强的精神。

正是那些具有超越时代精神的、顽强的玩家让我们飞了起来。

地球上会飞的动物有很多，根据古生物学的研究，地球上第一个飞起来的是昆虫。大约在 3 亿多年前的石炭纪，第一批昆虫飞了起来，依据是古生物学家发现过约 3 亿年前蜻蜓翅膀痕迹的化石。第一个飞起来的脊椎动物是 2 亿多年前的翼龙，是一种会飞的爬行动物，样子有点像蝙蝠。翼龙是中生代空中的霸主，白垩纪最可怕的霸王龙因为没有空中优势都不是它们的敌手。现在翅膀上长着羽毛飞在天上的老鹰和麻雀属于鸟类。另外，在辽宁北票发现的中华龙鸟化石，据说是现代鸟类的祖先，从这块化石中的鸟还在飞的时候算起，到现在已经有 1 亿 4000 万年。

开始人们对会飞的生灵很好奇，但经过仔细地观察，人们发现鸟不就是长了一对翅膀吗？只要有翅膀我也可以飞！可真的没长咋办？没长不要紧，安一对嘛。于是就有人模仿鸟儿，安上翅膀想试试，和伽利略一样。这个实验注定是要失败的，因为人的个头太大，起码也 1 米多高，按鸟儿的比例无论是自己长翅膀还是安上一对翅膀，都要弄一对 3 米多长的翅膀才有可能飞起来，这么大的翅膀会让人的胳膊都动弹不了，不摔下来才怪呢。

不过这也难不倒玩家，自己飞不行，那就另想办法，于是有

人想到会飞的飞行器。第一个飞行器应该是咱们中国的孔明灯，如果这个名字就是当时开始叫的，那么很可能就是三国时期的诸葛亮（公元 181 年 — 公元 234 年）发明的。孔明灯是利用空气受热会上升的现象造出来的。空气受热上升孔明咋知道呢？这在当时却应该算是个非常容易了解的现象，因为烟囱里的烟肯定是往上冒，炖肉的时候热气也是一个劲儿地往上冒。1783 年两个法国人终于玩出了热气球，人类第一次成功地把人带上了天空。孔明灯和热气球是利用热气比空气要轻一些的原理。可有一些玩家，他们想让比空气要重的飞行器能飞上天。热气球上天后经过将近 200 年，两个美国人——莱特兄弟终于把一架比空气重的飞机弄上了天。从此，飞机的历史开始了，于是也就有了国庆 70 周年阅兵式上威武的飞行编队。

莱特兄弟造飞机的故事大家都比较熟悉，有个他们小时候的故事也许听过的人不多。有一年冬天，下了一场大雪，莱特兄弟家城外的山坡上已经成了白茫茫的一片。兄弟俩站那里看着正在欢笑着玩雪橇的小朋友们。弟弟说："我也想滑雪橇。""可惜爸爸老是不在家，我们没有雪橇。""那我们不能自己做雪橇吗？""是啊，我们可以自己做啊！"弟弟的话提醒了哥哥，于

是兄弟俩回到家里，把这个想法告诉了妈妈。妈妈说，好啊，我们一起做。孩子们高兴极了，准备做好雪橇去和其他小朋友比赛。

妈妈带着两个孩子来到爸爸的工作室，莱特兄弟的爸爸是一个木匠，这个工作室也是兄弟俩的乐园。来到工作室两兄弟马上忙开了，准备大干一场。妈妈见状说，做事之前先要制订好计划，还要画一张雪橇的草图，不能糊里糊涂蛮干。妈妈量了孩子的身高，然后根据身高画了一张草图。兄弟俩又奇怪了："妈妈，您为什么把雪橇画得这么矮呢，其他小朋友的雪橇都比这个高啊？"妈妈告诉他们，矮矮的雪橇能减小风的阻力，速度会更快，这样你们才会赢啊！这个故事说明父母良好的教导对孩子是多么的重要。

玩家从学着鸟儿飞到造出飞机，经历了很长的时间。可这些飞行器都是飞在空气中，没有空气飞机就歇菜了。要想和嫦娥一样飞到月亮上去，飞行器还得改进，这样的飞行器是另外一拨玩家玩出来的。

飞出地球的梦想在人们对地球有比较清楚的认识以前（尤其是牛顿的万有引力定律出现之前），只能是凭空想象。所以中国关于嫦娥的故事，欧洲人相信耶路撒冷的锡安山就是通往天国的

天梯等，都只是美好的想象。

要想飞出地球，首先要有一个能达到相当速度的飞行器，这个速度起码是每秒 8000 米，是音速的 24 倍多。为啥要这么快呢？这是因为在地球的引力下，只有这么快才可以逃离地球。想飞出地球确实是件非常困难的事儿，不过还是有人想实现自己的梦想。开始这些玩家只是想象，比如，法国的儒勒·凡尔纳（Jules Verne，公元 1828 年—公元 1905 年）写过两部飞向月球的小说，鲁迅先生还翻译了其中的《月界旅行》。更有意思的是，这个科幻作家在他的《从地球到月球》这篇小说里描述的炮弹发射场，竟然和现在美国的肯尼迪航天中心几乎在同一个位置上。还有一位英国作家赫伯特·乔治·威尔斯（Herbert George Wells，公元 1866 年—公元 1946 年）也写过关于飞出地球的科幻小说，而且他在《隐身人》里描述的那个透明人是当年很多小孩子非常羡慕的人物。

不过有一个人还真的凭着想象以及来自前辈的知识，研究出了可以让人类飞出地球的理论，为后来的航天飞行奠定了基础，这个人就是被称为俄国航天之父的，一位普通的中学老师康斯坦丁·齐奥尔科夫斯基（Konstantin E. Tsiolkovski，公元 1857

年—公元 1935 年）。

这个普通而又神奇的齐奥尔科夫斯基小时候是个病猫，身体很不好，耳朵也不好使，所以没上几年学就辍学了。不过，他家还算有钱，属于中产阶级，所以一直到 16 岁都是他妈妈在家教他学习。后来齐奥尔科夫斯基成为他的家乡——莫斯科南边偏僻的乡村里一所中学的数学老师。

齐奥尔科夫斯基是一位非常慈祥的老师，孩子们都非常喜欢他。在中学教书的几十年里，齐奥尔科夫斯基除了和孩子们玩，教他们数学和其他知识以外，便一心一意地琢磨各种关于飞行的事情。飞机是在空气中飞行，要想飞出地球还要解决其他几个非常要命的问题：一个是没有空气怎么飞；另一个问题是多快的速度才能飞出去。19 世纪人们对地球的了解已经比较清楚了，砸了牛顿一下的苹果已经让大家知道地球是具有强大引力的，在引力的吸引下想逃出去很不容易。此外人们也已经知道地球以外的宇宙空间没有空气。不过这事难不倒贪玩的人类，科学家的理论和科幻作家的作品让齐奥尔科夫斯基看到了希望。齐奥尔科夫斯基认真研究了牛顿万有引力定律和第三定律（作用力与反作用力定律），1903 年他的一部著作《利用反作用力设施探索宇宙空间》

发表了，在这本书里齐奥尔科夫斯基首先提出了利用液氧和液氢作为燃料的多级火箭的理论，他还计算出进入地球轨道的速度是每秒8000米。这其实就是我们现在所有航天学和火箭理论的基础。可齐奥尔科夫斯基当时只是一个中学老师，他没有钱也没有能力真的去做这些事，所以书是写了不少，就是没有一样去亲自实践过。齐奥尔科夫斯基有一句名言："地球是人类的摇篮，但人类不可能永远生活在摇篮里。"他的理想在20多年以后实现了。

齐奥尔科夫斯基没玩，在大西洋的另一边，却有美国人真的在玩，他就是美国的大玩家戈达德（Robert Hutchings Goddard，公元1882年—公元1945年）。戈达德是一位大学教授，他年轻的时候看过威尔斯的科幻小说《星际战争》，这个故事让戈达德兴奋极了，他也想尝试一下星际战争的味道。可怎么才能跑进那个星际空间去呢？提出这个问题在当时简直就和疯子说梦话差不多，因为那时候飞机刚刚发明没几天，想飞出地球简直是做梦。所以，戈达德这个超越时代的玩家，根本不受待见。不过他超级顽强，还有一个好爸爸，他爸爸精通机械制造，受老爸的影响戈达德也不差，不管人家怎么说，他开始动手了。

那时候虽然齐奥尔科夫斯基的理论已经发表，可戈达德没看见，他是凭着自己的本事在玩。他也同样琢磨出多级火箭以及用氧气和氢气做燃料的方法。不过，这家伙太玩命，玩着玩着生病了。到医院一检查，发现他和他妈妈一样得了肺结核，医生宣布他还能活两个星期。不过也许是老天爷觉得不能让这个玩家那么快就死了，两个星期以后他居然可以继续玩下去。1926 年 3 月 16 日是个非常特别的日子，那天在美国马萨诸塞州的一片雪地上，一枚火箭射向蓝天，虽然这枚火箭还没有二踢脚飞得那么高，可那是世界上第一枚液体燃料火箭。这次发射让玩家们终于找到飞出地球的真正办法了。戈达德被公认为现代火箭技术之父，为纪念这个顽强的玩家，美国国家航空航天局的主要基地被命名为戈达德航天中心。

如今我们中国造的战斗机、轰炸机还有民航飞机都已经翱翔在蓝天上；中国造的嫦娥一号也飞翔在月球的上空，我们的航天员也已经走出太空舱，迈出了走向太空的第一步。不过，我们这些伟大的成就一定不能成为骄傲的资本。回过头去看一看，我们

会非常惊讶地发现：1903 年，在俄国那个偏僻的小村庄里，当中学老师齐奥尔科夫斯基正在油灯下研究怎么才能走出摇篮，飞向更广阔宇宙的时候，我们中国却还是大清王朝叫做光绪二十九年的时代，那一年在北京正阳门的东侧刚刚建立起一个建筑——京奉铁路正阳门东站。那时中国的老百姓还拖着大辫子，穿着马褂，也许正伸着脖子挤在菜市口路边，胆战心惊地看着被杀头的革命党人。所幸的是在那个时代把我们中国带进科学的许多玩家已经出生，是他们让中国最终摆脱了愚昧。但他们是如何让我们摆脱愚昧的，而我们又为什么会比人家晚了这么多，则需要今天的中国人去深思和反省。

第三章　会玩也会赚钱

贪玩的玩家们在过去的2000多年里，只是像小鸟天生爱唱歌一样，挖空心思地去探索自然和宇宙的秘密。自从科学渐渐成为人们生活不可缺少的东西以后，玩家的命运开始改变了。这种改变不仅仅是因为玩家很能干，还在于人们对知识的尊重。

17世纪以前，玩家们无论玩什么，基本都是为满足自己心中的好奇，还没人是完全出于要造福人类、为人类谋幸福这样实用的目的。比如，哥白尼研究天体，提出日心说，完全是由于他的好奇，他通过仔细观察发现地球并不像亚里士多德或者托勒密说的那样是宇宙的中心；还有伽利略研究两个不同重量的球到底哪

个先落地，那是因为他对亚里士多德当年说的存有怀疑；包括牛顿研究万有引力，也没想到后来会用这个定律找到那颗遥远的海王星。总之，这些玩家无论玩什么都没有太实用的目的。就像开普勒在400多年前说的那样："我们并没有问鸟儿唱歌有什么目的，因为唱歌是它们的乐趣，它们生来就是要唱歌的。同样的道理，我们也不应该问人类为什么要挖空心思去探索天国的秘密……自然现象之所以这样千差万别，天国里的宝藏之所以这样丰富多彩，完全是为了不使人的头脑缺乏新鲜的营养。"

不过从 18 世纪开始，一切都不一样了。

在我们大清帝国的乾隆年间，英国发生了一场革命——工业革命。1736 年，北京的紫禁城正在举行隆重的乾隆皇帝登基大典的时候，在几万千米以外英国的一个小村庄里，一个孩子呱呱坠地，他就是点燃英国工业革命火种的发明家瓦特（James Watt，公元 1736 年 — 公元 1819 年）。前些时候，听收藏家马未都先生讲古董，据他说，乾隆年间是内画鼻烟壶登峰造极的时代。也许正当一位中国的老爷们儿欣赏着刚刚买来的精美的内画鼻烟壶，捏着鼻子美美地吸了一下，打喷嚏过瘾的时候，几万千米以外，有个人正在发明蒸汽机。乾隆皇帝在位的 60 年，也是欧洲进入

了工业革命的 60 年。对西方而言，那是一个轰轰烈烈、欣欣向

荣的时代，各种各样全新的玩意儿纷纷从玩家的手里出现，那时

候的玩家已经不仅仅是为了心中的好奇而玩，他们开始明白科学

是可以造福人类的。

工业革命并不是在一夜之间完成的，工业革命的玩家是要给前辈的玩家们鞠躬致谢的。只是前辈的玩家万万没有想到，他们那些因为好奇而想出来的浪漫而又奇妙的定律或者理论，竟然成为工业革命时代玩家们那些非凡发明的奠基石。例如，伽利略在比萨教堂里摸着自己的脉搏发现的摆的等时性，成就了后来瑞士精巧的钟表匠；而他发明的望远镜，当时曾被一些顽固的人视为施了魔法的窥探镜，结果则是让我们可以看到 100 多亿光年以外宇宙绚烂的图像。此外，工业革命时期玩家们的发明，不仅仅是科学的延续，还为许多伟大的玩家带来了数不清的银子，直到今天，一些发明还在造就着一批又一批新的富翁。

历史学家都把蒸汽机的出现作为英国工业革命的开端，如今的小朋友很可能都不知道蒸汽机是个啥家伙了，因为 2005 年中国的蒸汽机车正式退役。如今在呼伦贝尔满洲里附近的一片草原上，有一个苍凉的景象——蒸汽机车的"坟场"。在落日的余晖中，几十辆巨大的蒸汽机车在那里闪着最后的光亮，这些退役的英雄们将慢慢地在那里腐烂。就是这些即将腐烂的钢铁巨人启动了工业革命的车轮，并带着我们走进了现代。

发明蒸汽机，瓦特功不可没，不过传说中瓦特是因为看见开水顶起锅盖从而发明蒸汽机的事应该只是一个杜撰的故事，毕竟他不是蒸汽机的发明人。蒸汽会顶锅盖的事儿，早在古希腊时代就有人玩过，只不过没有任何实用价值。蒸汽第一次被人拿来使唤，是炖小鸡的蒸汽锅，也就是我们现在叫高压锅的东西。据说它是由一个法国工程师发明的，这个工程师叫巴本，是英国大物理学家玻意耳（Robert Boyle，公元 1627 年 — 公元 1691 年）的助手（玻意耳是把原子论从古希腊给淘回来的科学家之一）。巴本发明了第一个高压锅以后，接着玩出了世界上第一个活塞蒸汽机，那是 17 世纪末的事情。不过没几年的工夫，真的蒸汽机就发明了，那叫纽可门蒸汽机，是英国玩家纽可门（Thomas Newcomen，公元 1663 年 — 公元 1729 年）发明的。而且很快被用在很多地方，大家一阵欢呼。不过纽可门机又笨又危险，经常"罢工"，就在这时候瓦特出现了。

瓦特当时还是格拉斯哥大学里一个穷工友，经常被人家叫去修理纽可门蒸汽机。不过瓦特是谁啊，他一看这机器就觉得不行，于是琢磨开了。瓦特那时候虽然是个大学的工友，可特别好学，喜爱钻研。他爸爸有一个专门制造船上各种小零件的工厂，这小子从小就看着老爹和工人们干活，对机械制造非常感兴趣。他偷偷把工厂里好多工具拿回家去玩。不过他爸爸比较宽容，见他偷了工具也没揍他，而是告诉他，这些归你了，但以后不许再拿大人的东西。不但如此，他爸爸有时还陪着小瓦特一起玩，有这样

的父亲，成功也就不远了。瓦特的贡献是把纽可门的蒸汽机加上了冷凝器，使本来不是很完美的蒸汽机成为推动世界的原动力。1819 年 8 月 25 日瓦特去世了，在瓦特的讣告中，人们这样赞颂他的发明："它武装了人类，使虚弱无力的双手变得力大无穷，健全了人类的大脑以处理一切难题。"

瓦特不仅发明了蒸汽机的冷凝器，他还有很多很多其他的发明。1785 年他被选入英国皇家学会，格拉斯哥大学还授予他名誉博士。此外，他还从他的发明专利中获得了巨大的财富，瓦特致

富的故事在当时的英国被传为一段佳话。要知道，蒸汽机的出现让世界彻底改变了模样。以前，从山西运一车煤到北京，不但时间长，而且一路上可能要累死好几头驴。有了蒸汽机车，别说一车煤，就是再多也不用再去找驴帮忙了。不过蒸汽机是个污染大户，自从人类明白污染就像洪水猛兽一样可怕的时候，蒸汽机车就纷纷睡觉去了。但无论如何，我们要感谢蒸汽机还有瓦特，就像瓦特讣告上说的，是他和他的发明不仅解放了人类的双手，同

时解放了人类处理一切难题的大脑。

蒸汽机发明以后，火车开始满地跑，船也越跑越快。不过玩家们并没有因为有了蒸汽机而去睡大觉，他们玩得更起劲了。加上用石油分馏汽油、柴油等技术的发明，到了 19 世纪末，德国的戴姆勒（Gottlieb Daimler，公元 1834 年 — 公元 1900 年）获得世界上第一个高速内燃机的专利证书；德国的本茨（Karl Benz，公元 1844 年 — 公元 1929 年）用四轮马车改装的第一辆汽车也

开出来了。1926 年戴姆勒和本茨的公司合并，直到现在还让人眼红的戴姆勒 – 奔驰公司隆重登场了。1892 年福特（Henry Ford，公元 1863 年 — 公元 1947 年）也玩出了美国的第一辆汽车。

18 世纪至 19 世纪电学、化学、医药学等学科的发展，让玩家们可以不断玩出各种新花样，现在这些新花样中有很多已经成为我们生活中不可缺少的日常用品，当然这些新玩意儿也让玩家们赚得盆满钵满。全世界玩得最邪乎的美国发明家爱迪生（Thomas Alva Edison，公元 1847 年 — 公元 1931 年）让世界对发明创造有了新的认识。留声机、电灯泡、电影等一共 1300 多个发明统统是他玩出来的，一辈子能玩出这么多发明的，还真是"前无古人，后无来者"。亨利（Joseph Henry，公元 1797 年 — 公元 1878 年）发明电报机后，莫尔斯（Breese Morse，公元 1791 年 — 公元 1872 年）又发明了电报码，新闻从此真的成了新闻。要是没有电报的话，英国发生的事情，美国的报纸起码要一个星期以后才知道。贝尔（Alexander Graham Bell，公元 1847 年 — 公元 1922 年）发明电话后，再一次把世界变小。19 世纪末马可尼（Guglielmo Marchese Marconi，公元 1874 年 — 公元 1937 年）和波波夫（Alexander Stepanovich Popov，公元 1859 年 — 公元 1906 年）同时发明了无

线电报。要知道，我们现在用的摩托罗拉、诺基亚还有 iPhone（苹果手机），这些已经统治我们生活的东西其实都是由无线电报而来。

化学的进步给世界带来的变化也非同小可。例如，塑料就是我们现代生活不可或缺的一种基本原料，买菜、吃饭、睡觉、装修还有汽车、飞机、手机、电脑都离不开塑料。第一种能称之为塑料的是赛璐珞，是由一个美国印刷工人海厄特（John Wesley Hyatt，公元 1837 年 — 公元 1920 年）玩出来的，并在 1870 年

取得该项专利，从此塑料走进人们的生活。还有诺贝尔（Alfred Bernhard Nobel，公元 1833 年 — 公元 1896 年）的火药，不但能更有效地开采矿石，还可以装到炸弹里，不过无论如何造炸药对和平是极大的威胁。于是诺贝尔基金会成立了，他想用奖励科学的办法赎回炸药造成的所有罪孽。

19 世纪末玩家们也大大地发展了医学，伦琴（Wilhelm Conrad Rontgen，公元 1845 年 — 公元 1923 年）偶然间从无缘无故曝了光的底片中，发现了 X 射线，X 射线不但成了放射医学的开端，也让原子物理学走向现代。阿司匹林以及各种合成的药物把名不见经传的小作坊拜耳和许多制药厂打造成世界著名的医药公司。而谁也没想到的是，阿司匹林在发明 100 多年以后，医生们又发现了它的新功能。

可是，这些玩家怎么才能赚到钱呢？

18 世纪末，随着欧洲许多国家和美国纷纷颁布专利法，对专利进行保护，玩家们不但可以尽情地玩，而且还可以通过专利赚钱了。无数的专利申请像雪片一样飞来。英国 1880 年至 1887 年每年授予的专利为 3 万件，1908 年仍然为 1.6 万件。法国从 1880 年的 6000 件增加到 1907 年的 12.6 万件。德国从 1900 年的

9000 件增加到 1910 的 1.2 万件。美国也从 1880 年的 1.4 万件上升到 1907 年的 3.6 万件。

专利让瓦特、爱迪生、贝尔等人挣了大钱，但是，如果没有专利他们还会赚到钱吗？又是谁发明了专利呢？

专利的英文是 patent，其实这个词在拉丁语和英文词典里很早就存在了，拉丁语中这个词的意思是"公开"，而英语中这个词最早的意思是"君主授予的一种权利"。到底这个词是怎样变成了现在的"专利"的呢？

这应该就像古希腊人们尊重那些站在路边唾沫星子乱飞，争论到底是地球转还是太阳转的玩家一样，是从人们对玩家和知识的尊重开始的。

按照《简明不列颠百科全书》上的解释："现代专利的意义主要限于为发明而授予的某些权利。这些权利一般就是在一定期间内对专利对象的制作、利用和处理的独占权。实行这种制度的目的包括：给发明以报偿奖励以刺激发明活动，鼓励将发明公开，使公众能够掌握这种知识；促使发明项目的生产利用。"意大利是最早实行专利制度的地方，1421 年，当时意大利的佛罗伦萨共和国发出了全世界记载的第一张专利证书。

假如瓦特没有申请专利，而是把自己发明的技术秘而不宣，会赚到钱吗？蒸汽机会成为改变世界的伟大动力吗？肯定是不会的。他如果秘而不宣，蒸汽机不会成为改变世界的原动力，也许只是他们家院子里织布机的动力，除了能给自家赚点吃喝钱，这个大怪物估计不会有啥大用处。而他如果只顾自己赚钱，成天忙着开机器织布或者修理机器，他也就没时间去玩其他的发明了。

很难想象，全世界只有爱迪生一家点着电灯泡，而其他人都还点着油灯的情形。发明家申请了专利后，蒸汽机和电灯泡不但成了改变世界的动力和照亮夜晚的明灯，也为瓦特和爱迪生赚到了更多的钱。因为他们的专利一经公布，任何一个希望用这个专利的人或工厂都可以使用，条件是要付一定数量的专利费，发明家从专利费中得到利益。这样看起来似乎那些付专利费的人是傻子，但就是这些"傻子"让整个世界享受到了瓦特和爱迪生的发明所带来的巨大的社会进步。不仅如此，瓦特和爱迪生把从专利赚到的钱继续用来做更多的发明，不但发明了更多的玩意儿，并且还为后来的玩家奠定了基础。

这样的事情似乎在当时的中国是不被传统接受的，中国人的习惯是把自己玩出来的一些东西秘而不宣，或者只传子不传女，

如神医的秘方、铁匠绝妙的经验、各种葵花宝典里的秘籍等。秘而不宣倒也罢了，但只传子不传女可就有点惨了，万一哪位受了真传的儿子没生小子只生了一堆丫头，于是好不容易传了好几代的秘籍也只能从此销声匿迹了。

第四章 玩出一个宇宙大爆炸

　　科学家已经推算出我们生存的宇宙是由 137 亿年前的一次大爆炸而产生的。大爆炸，这个听起来如此令人心惊胆战的可怕理论目前已经家喻户晓。可是，这是谁玩出来的呢？

在前文中说过，赫歇尔在试图寻找恒星周年视差的时候一不小心发现了太阳系里一颗新行星——天王星。天王星被发现以后，玩家们根据牛顿的万有引力定律又在笔尖上算出了海王星，这是18世纪至19世纪上半叶天文学史上最值得骄傲的两件大事。

但恒星的周年视差还是没有被发现。没有发现周年视差的原因只有两种：一是哥白尼错了。可那时候已经有大量的观测事实证明地球确实在围着太阳转，大家对哥白尼的理论已经深信不疑，所以只能是第二种可能，那就是恒星距离非常远，比以前想象的要远得多。于是不死心的玩家们继续顽强地玩下去。

赫歇尔没有发现恒星的周年视差不是因为他笨，而是受当时条件的限制。那时赫歇尔虽然已经制造出一台很大的望远镜，但精度还不够，那时候用最优秀的望远镜观察周年视差，精度只能达到2角秒。1角秒是1度的1/360，1角秒的位移，就如同站在北京看天津两只并排站在电线上的麻雀，能看见黑点就不错了，根本别想看出是一只还是两只。后来发现，距离我们太阳系最近的一颗恒星——比邻星距离我们也有遥远的4.2光年，它的周年视差相比是最大的，可也只有区区0.76角秒，所以在赫歇尔的时代是根本不可能发现的。

到了 19 世纪上半叶，玩家们继续顽强地寻找着周年视差，在玩家们不懈的努力下恒星周年视差终于被发现了。这个发现是由德国和英国的几位天文学家几乎同时做出的，计算和观测最准确的应该属于德国天文学家贝塞尔（Friedrich Wilhelm Bessel，公元 1784 年 — 公元 1846 年）。周年视差的发现一方面证明了哥白尼的日心说是正确的，在玩家们经过 300 年艰难的探索后，哥白尼终于可以瞑目了。另一方面也让玩家们明白了，宇宙原来是如此之大。

发现恒星周年视差全都要仰仗望远镜的进步，1845 年英国伟大的罗斯伯爵威廉·帕森思（William Parsons，公元 1800 年 — 公元 1867 年）制造出口径 1.84 米的大型望远镜"城堡"，天文学家用这样大型的望远镜首次看到了夜空中更加绚丽多彩的世界；彗星已经不再是根大笤帚，简直就是一个长发飘飘的仙女；木星周围飘着几颗小星星，忠实地围绕着巨大的木星转动；土星周围原来还有一圈如此美妙的光环；本来只有一个小亮点的地方，现在人们却看见了如同飞舞的彩蝶一样五彩缤纷的星云和星系。这些新的发现让所有的人都惊呆了：宇宙到底是什么？那些奇妙的图像意味着什么？那里到底有些啥？那里面又正在发生着什么事情？天文学家们已经不再满足于成天对着夜空数星星了，他们要玩新的事情！那就是天体物理学。

玩家们想知道，组成那些神奇图像的到底是些啥玩意儿，它们是怎么来的，那些东西和我们的地球、太阳一样吗？有什么关系呢？一个个巨大的问号让玩家们兴奋起来。想了解那么遥远的地方都有些啥玩意儿可不是件容易的事，但绝不是不可能的。

那时候还没有光年的概念，不过已经大致知道太阳和地球的距离，毕竟古希腊亚历山大缪塞昂的埃拉托色尼在 2500 年前就做出过判断。所以，那时对比邻星距离的描述是地球与太阳距离（1.4 亿千米）的 27.2 万倍。这么老远，谁也不可能带着把锤子，跑那么远去敲一块石头下来，带回地球做研究啊。

法国著名的哲学家孔德（Auguste Comte，公元 1798 年 — 公元 1857 年）说过："恒星的化学组成是人类永远也不可能知道的。"孔德是法国伟大的哲学家，是实证主义哲学的创始人，他认为 19

世纪是人类从神学解脱出来，走向科学的时代。他同时认为这个阶段人也会认识到知识的局限性和有限性。也许正是由于这个想法他说了上面那句话，他说的话在当时也没错。然而，孔德的话说了还不到 50 年，玩家们就找到办法了！

难道真的有谁本事这么大，跑了几光年，去了一趟外星球？

玩的心态就是不受任何束缚，放开想象力，把不可能的事情变成可能。玩家不是不承认知识的局限性和有限性，但他们更崇拜创造的无限性。就像我们小时候，会玩的小朋友肯定不会因为玩过家家时没有真的炒菜锅而烦恼，他会用形状差不多的小东西当成一个炒菜锅，然后做饭给大家吃。虽然那个小东西并非啥炒菜锅，但小朋友完全可以像模像样地炒菜，去体验这个间接的、虚拟的但幸福的过程。而且，从这个儿时虚拟的实验中得到的印象也许会跟随他一辈子，说不定几十年以后他就是哪家著名餐馆里最棒的特技厨师。找到了解外星球由什么物质组成的办法也是这样，并不是谁真的拿着锤子去了一趟外星球，而是运用了一些间接的办法。

间接的办法要感谢前辈科学家们留下的遗产。首先是牛顿。牛顿已经发现，太阳发出的光线是可以被分开的，他利用一块棱

镜把太阳光分成了很多条不同颜色的光谱，就像我们看到的彩虹一样，这就是光谱学。更奇妙的是 19 世纪德国一位叫夫琅禾费（Joseph von Fraunhofer，公元 1787 年 — 公元 1826 年）的物理学家在观察太阳光谱的时候发现其中有许多暗色的线条，这些暗线今天就被叫做夫琅禾费谱线。

　　夫琅禾费是个大玩家，玩了一辈子，玩得连老婆都忘了娶。他是德国一个玻璃匠的儿子，继承老爹的衣钵，成年以后自己也成了一个光学玻璃厂的经理。他就喜欢琢磨玻璃，一辈子玩出很多非常好玩又实用的东西，夫琅禾费谱线就是其中之一。牛顿是第一个用三棱镜把阳光分成光谱的人，但夫琅禾费觉得牛顿玩得不够过瘾，于是，他发明了一种能把光谱分得更细的多棱镜。这一下他发现，太阳的光谱被很多黑色的暗线给隔开了，为什么会有这么多黑线呢？夫琅禾费不知道，可他没就此罢休，他很仔细地把这些线给记录下来，并且测出这些暗线的波长。夫琅禾费把576条暗线编成一张表，这就是夫琅禾费谱线。

夫琅禾费没搞清这些暗线到底是什么，几十年后一个叫基尔霍夫（Gustav Robert Kirchhoff，公元1824年—公元1887年）的德国物理学家才终于搞明白了。基尔霍夫除了玩电还玩火，他用火焰去烧食盐的时候发现了基尔霍夫定律，其实就是物质在燃烧时发射或者吸收光谱的规律。譬如，我们在造烟火的时候，烟火里放点钠，就会放出漂亮的橙色烟花，放钡就是绿的，放钾就是紫色，等等。不同的颜色其实就是不同波长的光。

根据基尔霍夫定律，对燃烧不同物质产生的光谱和夫琅禾费谱线进行比较以后人们发现，夫琅禾费谱线和许多物质光谱是吻合的，只不过是它们的吸收线，所以是暗线。这下大家突然明白了，原来太阳光谱的这些暗线正是某种物质燃烧时留下的痕迹。按照这些暗线的位置，就可以知道太阳里头有啥在燃烧了。于是玩家们在太阳里找到了钠、镁、铜、锌等正在燃烧的各种成分。太阳

是这样，其他恒星怎样呢？把太阳光和其他恒星光谱中的夫琅禾费谱线进行比较以后，其他恒星里藏着的东西也都被玩家们发现了。太阳和恒星光谱中的暗线就像指纹一样，是星球上含有什么物质的铁证。于是星星上有什么物质就这样让玩家们给玩出来了，光谱成了认识星星的"葵花宝典"，孔德的预言从此靠边站。

在 18 世纪 40 年代以前，由于没有其他好办法，天文学家看到的所有天文现象只能画在纸上，就像赫歇尔画的那张著名的银河系模型图。1839 年，又有一件事大大地帮助了天文学家，那就是照相术的发明。法国人涅普斯（Joseph Nicéphore Nièpce，公元 1765 年 — 公元 1833 年）首先发明了照相术，他拍了人类有史以来第一张照片。不过涅普斯的照相术不实用，是另一个叫达盖尔（Louis Jacques Mand Daguerre，公元 1787 年 — 公元 1851 年）的玩家让照相术变成大家都可以玩的玩意儿——银版摄影术。

达盖尔原来是画家，最擅长画舞台背景，画得非常出色。他还办过个人画展，估计把法国舞台背景的活儿都给揽走了。后来他对涅普斯的摄影术发生了兴趣，涅普斯玩不成以后，达盖尔继续玩，结果让他玩了大名堂，并且最后还让法国政府收购了他的专利。从此，摄影术被公之于众，成为大家伙都能玩的玩意儿

　　了。据说 1846 年外国人首先把摄影术带到了中国的广东，后来传到清朝的皇宫里，但慈禧太后不喜欢摄影，觉得那是一种妖术，会把灵魂给摄走。这时候已经是 20 世纪初，离我们伟大的中华人民共和国成立只有不到 50 年的时间。

　　摄影术发明后没有多久就被欧洲的天文学家看上了，他们兴奋地把望远镜和照相机连在一起，一张张太阳和星星的照片便呈现在了照相纸上，以前天文学家左眼盯着望远镜，右眼看着画画

的时代一去不复返了。

大口径且高精度的望远镜、恒星的光谱分析、照相术的结合让玩家们对恒星有了更丰富的了解，他们已经可以对恒星的表面温度、物质构成等物理和化学特征进行探索和研究。根据光谱的特征天文学家还可以像生物学家给植物分类一样给星星分类了。玩家们很快又发现问题了：既然星星可以被分类，那它们是不是也和生物一样有一个演化的过程呢？于是，宇宙演化的过程让玩家们又有得玩了，而且一直玩到了今天。

对宇宙了解得越多，玩家们发现的问题也越来越多。但是玩家们知道，不能再去问那是为什么，就像几千年前的古人，问"为什么"的结果就是请来了伟大的神灵。现在的玩家已经明白伽利略的办法是对的，要问"怎么了"。问"怎么了"你才会用观察和实验的方法客观地去分析和研究。当你用实验和逻辑的方法知道怎么了，那么是什么、为什么的答案也就越来越近了。要想观察和实验，就必须找到更多、更可行的方法。

这时，一个关于声音的发现又让玩家们和天文联系了起来，那就是奥地利物理学家多普勒（Christian Doppler，公元1803年—公元1853年）发现的多普勒效应。多普勒发现，一个正在

发出声响的物体，譬如正在疯狂叫着的上课铃——也就是所谓的声源——向聆听者迅速靠近时，声调会逐渐变高，而声源离聆听者远去的时候，声调会降低，这是声波受到压缩和拉伸而引起的。最明显的例子是拉着汽笛的火车，当火车迅速向你开过来的时候，汽笛声会变得越来越尖利，而火车从身边呼啸而过，开往远处以后，声音就会逐渐低沉下来。现在警察在马路上测超速的探头，就是运用多普勒效应制作的，想骗警察已经没有可能。这么一说，多普勒真是太伟大了，他的发现不但给玩家带来了惊喜，还给警察提供了查超速的绝招。

多普勒到底是怎样一个玩家呢？他 1803 年出生在奥地利美丽的城市萨尔斯堡一个比较富裕的石匠之家，可由于小时候身体不好，没能继承祖业。萨尔斯堡坐落在阿尔卑斯山以北，是一座美丽的城市，古老的巴洛克式建筑和精美的雕塑随处可见。萨尔斯堡是音乐之都，是莫扎特的故乡，也是《音乐之声》的拍摄地。作为一个音乐之都的石匠之家，多普勒小时候必然受到浪漫音乐和严谨石刻的熏陶，虽然身体不好，玩的细胞肯定布满全身。后来多普勒成为一个数学教授，可以说，他既是一个严谨的老师，也是一个贪玩的玩家。他曾经因为考试过于严格被学生投诉，他还用自己灵巧的双手制造过许多精巧的科学仪器。多普勒一生刻苦、勤奋、富于创造性、点子特多，除了发现多普勒效应，他在光学、电磁学和天文学等方面均有贡献，设计制造过很多实验仪器和设备。因为自幼身体不好，加上勤奋的工作和繁重的教学压力，多普勒不到 50 岁就与世长辞了，这可谓是世界的一大损失。

不过有人会说，火车汽笛声随着距离而变化这事儿我早就知道，可这和天上那些星星有啥关系呢？

多普勒同时还发现，这个效应不但在声音上有效，光也如此。当发光体靠近时，光谱会向蓝色那边移动，相反就会向红色移动。蓝色意味着频率更高的光，就像声音越来越尖利，这个现象叫蓝移。红色光则相反，意味着频率低，所以叫做红移。只要把恒星的光谱和太阳的光谱进行比较，就可以看出这颗恒星是在蓝移还是红移。这样天文学家通过光的多普勒效应，就可以了解恒星与我们之间到底是靠近还是离开。通过比较，玩家们发现了原来恒星并不是老老实实地待在原地不动，夜空中那些看起来亘古不变的星星是在到处乱跑！

18 世纪至 19 世纪玩家们在看星星的时候用上了更长、口径更粗的望远镜，还有光谱学、照相术和多普勒效应的帮助。此

外，1850 年两个法国玩家傅科（Jean-Bernard-Léon Foucault，公元 1819 年 — 公元 1868 年）和菲索（Louis Fizeau，公元 1819 年 — 公元 1896 年）合作，用旋转镜的方法第一次比较准确地测定了光速。这些全新的创造发明和理论，使那段时间简直成了天文学的"玩具总动员"，开心的玩家们用这些新的玩法对夜空中各种天体进行了更仔细的观察，继而又有了许多前所未有的新发现。

有了光速，拿光年做量天尺可就太爽啦，再也不用拿"串串烧"一样的"0"来描述星星和我们之间的距离了。玩家们算出比邻星离我们有 4.2 光年远，后来又发现了超过 500 光年，甚至 10 万光年的星星，宇宙在玩家们的手里越玩越大，就好像是谁吹出来的肥皂泡，一个个亮晶晶的小星星布满了整个天空。哥白尼时代的玩家们还没有脱离太阳系，可现在的玩家们玩得广阔多了，开始关心银河系了。横亘在夏夜星空上的那条光带，在西方叫乳路（Milky Way），我们叫银河。这个赫歇尔用铅笔画出来的银河系，原来是一个由几千亿颗恒星组成的巨大星系，我们的太阳系只是其中一个非常渺小的小兄弟。按照牛顿的说法，宇宙是没边没沿儿的，宇宙是无限的，看起来这似乎已经没有什么可讨论的了。

可是偏偏有人开始觉得无限的宇宙有点不对劲儿，他们又不断提出新的追问，大问号还是一个接着一个。

哪里不对劲呢？第一个让人觉得不对劲的问题是个听上去有点反常理的想法——晚上为什么天会黑？这个问题问得简直有点荒唐，可第一个提出这么荒唐问题的是大名鼎鼎的开普勒。他说，如果天上到处都布满了星星，天肯定是很亮的，可为什么太阳一落山天就黑了呢？这个问题似乎很容易回答，因为星星距离我们太远，亮度都减弱了。不过 200 年以后，一个叫奥伯斯（Heinrich Olbers，公元 1758 年 — 公元 1840 年）的德国天文学家又提出同样"愚蠢"的问题，并且说得更有道理了。他说如果宇宙是无限的，很远的星光由于距离远确实会减弱，但布满宇宙的星光正好可以抵消减弱的部分，而把整个宇宙照亮，可太阳落山天照样是黑的。这个理论也被称为"奥伯斯佯谬"。难道宇宙不是无限的？这个问题把人问住了，是啊，为什么呢？在 19 世纪没人能回答这个问题，也没人能反驳，接力棒传到了 20 世纪。

20 世纪 30 年代，伟大的哈勃（Edwin Powell Hubble，公元 1889 年 — 公元 1953 年）发现了一个更加令人惊讶的事情，宇宙不但不是亘古不变的、静止的，而且在迅速地膨胀！他和另外一

位叫斯莱弗的天文学家发现，宇宙中几乎所有的星星（星系）都有红移现象。红移前面已经说过，那意味着所有的星星都在离我们而去，而且距离越远离开的速度也越快！宇宙到底在干啥呢？在膨胀？那膨胀又是从哪里开始的呢？

哈勃大胆地推测，宇宙曾经比我们现在看到的要小，是从一个起点开始逐渐膨胀开的。如果是膨胀，那么可以用倒退的办法算出膨胀是从哪一天开始的。可是当时哈勃计算的时间有误差，他算的结果是 20 亿年，那时候地质学家发现地球上已经有超过 30 亿年的岩石，所以哈勃的假设不能成立。

又经过了大约 10 年，天文学家有了新武器——5 米口径的巨型望远镜。这时天文学家发现，哈勃是对的，只不过他把时间算少了，而且少了将近 10 倍。宇宙的年龄不是 20 亿年，而是 150 亿年至 200 亿年！终于，有一个美国人忍不住了，他说，如果后退 150 亿年至 200 亿年，宇宙是啥样子呢？那不就只剩下一个看不见的点了！宇宙难道就是从这个极小的点开始的吗？怎么开始的呢？啊！是一次大爆炸（Big Bang）！对！宇宙诞生于 150 亿年至 200 亿年以前的一次大爆炸！说这话的人是谁？他叫伽莫夫（George Gamow，公元 1904 年—公元 1968 年），一个俄裔的美

国物理学家。

　　宇宙并不是亘古不变的、无限的，而是正在疾速膨胀着的，有限的，并且是来自于一次大爆炸！前不久，还有天文学家宣布，爆炸的时间在 137 亿年以前，难怪晚上天是黑的，原来整个宇宙都在疾速地往外四散而逃。

　　感谢这些贪玩的家伙，是他们让我们看到，原来宇宙如此神奇！

第五章　玩过头的爱因斯坦

爱因斯坦是一个伟大的玩家，同时是一位坚定的和平主义者。可让他万万没有想到的是，自己在1905年提出的著名公式却被用来制造恐怖的、能给人类带来巨大灾难的、至今还在威胁着人类的杀人武器——原子弹。

1945 年 8 月 6 日早上 8 点 15 分，晴朗的天空上，不知从哪里飞来一架 B-29 轰炸机，当飞机飞临日本广岛上空大约 30000 英尺（1 英尺 =0.3048 米）的高度时，只见它机舱的肚子下面打开一个口子，从黑洞洞的舱口掉下一个愤怒的"小男孩"，43 秒钟以后，可怕的事情发生了。一个巨大的闪光之后是一声巨响，接着蘑菇云升腾而起，十几万人在一瞬间非死即伤……

1945 年 8 月 15 日日本天皇签署了投降诏书，日本宣布无条件投降，第二次世界大战成为历史。

"小男孩"就是第二次世界大战时美国投向日本广岛的原子弹，这个"小男孩"高 3 米，体重 4000 千克，肚子里装着 60 千克重的铀 235。它的威力相当于一颗充满着 15000 吨 TNT 的大炸弹。

这么恐怖的杀人武器难道也是玩家玩出来的？是的，是玩出来的，只是玩过了头。

炸药很早以前就被人类玩出来了，并且很快就被用于战争。中国的四大发明里就有一种是火药。不过火药威力小，如今是制造鞭炮和礼花不可缺少的材料。现代战争上用的基本是 TNT 或者叫黄色炸药的东西，黄色炸药属于硝基化合物，威力很大，诺贝

尔就是因为造出了这类炸药发了财。不过无论是中国的火药还是诺贝尔玩的黄色炸药，都属于一种燃烧的过程，迅速的燃烧在一瞬间释放出大量的热能。但是，原子弹就不一样了，不是靠普通的燃烧，原子弹烧的是原子，就是一种被称为核裂变的可怕事情，比任何一种炸药释放的热能都要强无数倍。

原子这么小，看都看不见，谁没事玩这个玩意儿？可还真

有人在玩。

古希腊的留基伯（Leucippus，约公元前 500 年 — 公元前 440 年）也许是世界上第一个提出原子的人，他的学生德谟克里特在公元前 400 年继承了他的学说，并提出原子论。德谟克里特很有想象力，他认为世界万物都是由那个极小的东西——原子组成。啥叫原子呢？原子这个词在希腊文中是 atomos，就是不可分割的意思，那么原子就是不可再分割的最小的东西了，它的英文名称是 atom。

另外中国古代春秋时期百家之一的墨子也提出过类似的说法，他认为组成世界的最小元素是一种称之为"端"的东西。"端，体之无序而最前者也。"有人认为这便是墨子的原子论。

不过无论是古希腊人提出的原子论还是墨子提出的"端"，都是没有经过任何实验来证实的，只是一种哲学思辨、一种观念，或者只是一种说法（用现在的话就是忽悠）。由于这种忽悠和相信上帝创造世界的神学是对立的，所以两千多年来原子论基本没被人看好过。伟大的玩家牛顿虽然接过了这个在半空中悬了 20 多个世纪的接力棒，但他说原子是由上帝他老人家创造的。牛顿因为被苹果砸了一下以后，开始研究力学、光学还有微积分，可他没搞清楚原子到底是个啥玩意儿，于是把原子扔到上帝那里是再好不过的借口了。

原子究竟是个啥，玩家们还是在不断地追问。从遥远的古代一直追问到伽利略和牛顿的时代。在那个时代，玩家们基本都是通过苦思冥想来寻找答案。不过无论如何，我们还是要感谢这些富有想象力的玩家们，他们的预言虽然完全不靠谱，但那些预言起码明确地告诉后来的玩家，不光看得见的东西可以玩，看不见的东西也是可以玩的。而且玩原子完全是另外一回事，即使看得见也不可以用能看见的办法去玩了。用啥办法才可以玩呢？只有在实验室里，用先进的实验仪器才可以。

所幸的是，在伽利略开创近代实验科学以后，西方的许多地方纷纷建立了实验室，实验室为打开原子之门创造了客观条件。

现在实验室这个词人们司空见惯，而且到处都有。可到底啥叫实验室，这个实验室是怎么让玩家给弄出来的，现在几乎没有人会问。其实啊，这里面还有很多好玩的故事。

实验室的英文是 laboratory，在德文里的意思是化学实验室。为啥是化学实验室呢？因为开始的时候实验室就是玩化学的人玩出来的。所谓化学实验室其实就是炼金炼丹的术士们玩的地方。

术士们为了能得到长生不老药或者用铝、铜和银子等比较贱的金属炼出金灿灿的黄金，他们就会在一间秘密的小屋里不断地实验。长生不老药和金子没炼出来，术士们却不小心创造了一门科学——化学。炼丹、炼金的地方就是最早的化学实验室。

最早能被看做是实验室的应该有两类，一类是玩化学的，还有一类是植物园里博物学家玩的地方，其实 16 世纪意大利就出现了很多植物园。植物园可以让玩植物、动物的玩家很方便地满足自己的好奇心，开始发现和探索神奇的生物世界。

那时候许多实验室很可能是在某个玩家自家的院子、厨房、阁楼或者地下室里。后来在意大利、法国开始有了非常正规的植物园。

以前实验室基本上都是属于私人的，很少作为教育手段在学校里出现。早在 17 世纪就有一位捷克教育改革家呼吁要在学校建立实验室，他说："人们应当不是从书本上，而是尽可能地从天空、从地上、从橡树和山毛榉中在智力上受到教育；这就是他们必须学习和研究事物的本身，而不仅仅是学习其他人关于这些事物的观测和证言。"他就是教育史上著名的夸美纽斯（Johann Amos Comenius，公元 1592 年—公元 1670 年）。19 世纪很多物

理实验室纷纷在大学里建立起来，这些实验室除了提供教学也为玩家们提供了极好的研究场所。

18世纪至19世纪是人类一个非常辉煌的时代，蒸汽机、汽车、发电机、电灯泡、电话等发明为人们的现实生活带来了许多实实在在的好处。火车、汽车满街跑，电灯照亮了夜晚，电话接到了姥姥家。这些全新的玩意儿也让一些人一夜之间发了大财（关于这些玩家们如何发了大财的故事前面已经讲过了）。

实验室的建立为物理学的玩家们提供了大展宏图的好地方，物理学在18世纪至19世纪也被玩家们大大发展了。这其中电磁学的发展，不断为玩原子的玩家提供着新的证据。

自从法拉第玩出电磁理论以后，电磁学成为一种非常时髦的玩法，很多人都喜欢玩。啥叫电磁理论呢？打个比方，假如把两根漆包线绕在一根木头上，形成两组线圈。一组线圈接在电表上，另一组接上电池。接通电池后，你会发现没接电的电表就会动一下，这就叫电的自感现象。漆包线通过电流的时候，产生了磁性，磁性感应了另一组线圈使其也产生电流，这就是著名的法拉第实验。这个实验说明啥呢？它说明电和磁之间是有关系的，而且这种关系是有规律的，利用这种规律，法拉第发明了发电机和电动

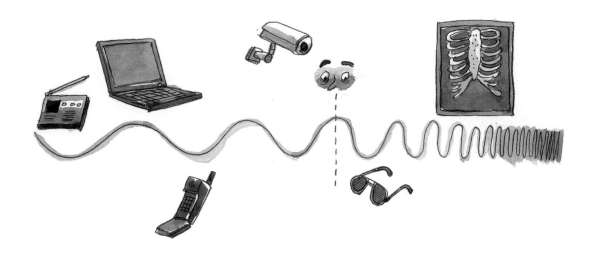

机。不过法拉第不懂数学，他的发现和创造都是凭着直观观察和实验做出来的。而另一个大玩家，英国人麦克斯韦把法拉第的理论上升到了定量的层面，提出了麦克斯韦方程，使电磁学成为真正的一门学科。现在我们的生活已经离不开电磁波，手机、无线上网、调频收音机还有电视、人造卫星都需要这个无形却又无所不在的电磁波，这都要感谢法拉第和麦克斯韦以及后来的许多玩家。古希腊原子论的接力棒还在继续往下传。

19世纪中期有一些玩家研究起真空管里的放电现象。这种被叫做阴极射线管的玩意儿，就是一根两头加上电极的密封玻璃管。玩家们就是要看这个管子在接上电源以后会发生什么。但那时候

抽真空不容易，结果在实验的时候因为一些残留的气体，非常奇妙的现象出现了：有时候会发出很柔和的色光，要不就是发出强烈的弧光、闪光等现象，非常有意思。后来玩家们干脆故意在管子里留下一点各种不同的气体，看它们到底会玩出啥花样来。一个技艺高超的德国人造出了更精密的管子，他叫盖斯勒（Heinrich Geissler，公元 1815 年—公元 1879 年）。盖斯勒仗着他以前是个吹玻璃的工人，他能吹出比任何一个玩家都要精巧的管子，所以这些无与伦比的管子后来就干脆叫做盖斯勒管，盖斯勒管可以让实验做得更精确了。现在我们已经知道那些放电现象是由于从电源的阴极射出的电子激发了气体，使气体发光甚至发生弧光、闪光等，可在那时玩家还不知道有电子这回事。

电子其实也是被一个玩家发现的，他就是汤姆生（Joseph John Thomson，公元 1856 年—公元 1940 年）。英国剑桥的汤姆生也爱玩阴极射线管。他通过一系列的实验和计算发现，不同的元素都有一种共同的成分，这个成分被他叫做"微粒"。那时候大家根据牛顿的学说，认为所有的光线或者电波都是通过一种叫"以太"的东西传播的，但汤姆生认为他发现的东西和以太不一样，是从原子内部飞出来的一种更小的东西。他说："我认为一个原子含有许多更小的个体，我把这些个体叫做微粒。"他所说的微粒也就是我们现在说的电子，是原子的一部分。汤姆生说这话的时候是 1897 年。

古希腊人留基伯和德谟克里特，还有中国的墨子，凭他们敏锐的观察和思辨预言了原子和端，在 2000 多年以后，这些被实验物理学的玩家们给证实了。不仅如此，玩家们还发现，原子并不是最小的，在原子里头还有比原子更小的小兄弟。

几乎在差不多的时候德国的物理学教授伦琴发现了 X 射线。过程大概是，他的一张放在阴极射线管旁边的照相底片莫名其妙地曝光了。他的发现不但让后来的医生可以用 X 射线来检查人长在皮肉底下的骨头，还可以让飞机场可以看见旅客包包里是不是带着危险品，同时开创了放射线研究的新时代。汤姆生后来的实验也证明 X 射线和他发现的电子似乎不是一种东西。汤姆生和伦琴他们俩的不同发现让原子物理学的大门真正打开了。此后玩家们不但发现了电子，还发现了中子、质子、原子核，不但有了能检查骨头的 X 射线，还有 α 射线、β 射线、γ 射线等，原子的秘密终于被玩家们给弄得越来越明白了。20 世纪最初的几十年，是原子物理学大发展的时代，出现了一大批玩家，除了前面说的，

还有著名的卢瑟福（Ernest Rutherford，公元 1871 年—公元 1937 年）教授，居里夫人（Marie Curie，公元 1867 年—公元 1934 年）和伟大的爱因斯坦（Albert Einstein，公元 1879 年—公元 1955 年）。

爱因斯坦在 1905 年创立了一个全新的理论——相对论。在他最早的论文里提出了一个著名的公式：$E=mc^2$，把这几个字母换成普通话就是：能量等于质量乘以光速的平方。这个公式在当时几乎没人能看懂。

在爱因斯坦提出那个著名公式以后的几十年里，玩原子的玩

家虽然已经明白了原子里许多神奇现象的原因，但还是没有发现这个公式背后所蕴含的意义。最后还是两个德国物理学家把这事闹明白了。

德国物理学家哈恩（Otto Hahn，公元 1879 年 — 公元 1968 年）和迈特纳（Lise Meitner，公元 1878 年 — 公元 1968 年）原来都在一个实验室工作。迈特纳是一位女物理学家，由于她的犹太血统，第二次世界大战开始以后便逃到了瑞典。那时候玩家用阴极射线管又玩出一种新花样，就是用高能量的粒子"轰击"靶子上的其他元素。哈恩在做实验时，用一个中子轰击金属铀，在做完这个实验以后，哈恩发现不知从哪儿冒出来一些金属钡，还有一种惰性气体氪。"我没买过这些玩意儿啊？"他觉得奇怪极了，"这些东西是从哪儿冒出来的呢？难道是从天上掉下来的？"他把自己的困惑写信告诉了在瑞典的迈特纳。迈特纳看了哈恩的信后便开始琢磨起来，还是女性比较细心，她没有做实验而是算了起来。她计算了铀原子核里的中子数，然后再算其他出现的元素的中子数。这一算让迈特纳惊讶地发现，如果铀原子核里的中子数加上一个轰击的中子正好是一个钡原子和一个氪原子的中子数之和。被那个中子炸碎的铀原子难道变成了两个不同的新原子？

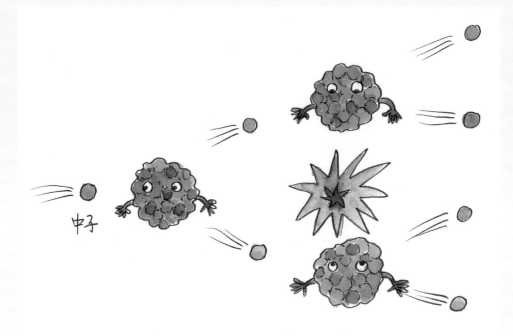

中子

原子核裂变就这样被玩家一试一算地给玩出来了。

后来的实验也证明确实发生了原子核的裂变，而且这个裂变一旦开始就会继续下去，1个变2个，2个变4个，4个变8个……这就是所谓的链式核裂变反应。

链式核裂变反应到底是怎样一个过程呢？打个比方，假如森林里一棵树被闪电击中后被点着了，这1棵树可以点燃旁边的2棵树，这2棵点燃4棵，4棵点燃8棵，于是16棵、32棵、64棵……

只要没人管，整个森林就会以这样的几何级数被彻底烧光。再有煤的燃烧也是如此，点着的只是一小块煤，只要不拿一盆水浇灭，煤就会不断燃烧下去，一直把炉子里的煤都烧光。炸药燃烧和爆炸也是类似，只是这些燃烧没有原子的裂变来得快。铀发生链式核裂变反应的时间可比黄色炸药快多了，铀原子核发生 1 亿次裂变只需要短短的几十万分之一秒。

这还没有完，研究裂变反应的玩家们又发现了一个新问题：经过裂变以后产生的物质的总质量变小了。虽然只是稍微小于原来铀的质量，但这些少了的质量去哪儿了呢？

啊！玩家们这时候想起爱因斯坦的那个公式了，原来这就是爱因斯坦说的：$E = mc^2$。少了的那点质量变成了能量！

经过仔细的计算，一个铀原子核裂变释放出的能量是 2 亿电子伏特，1 千克铀发生裂变产生的能量，相当于 2 万吨黄色炸药爆炸时释放的能量！这简直太不可思议了！

这就是 20 世纪初玩家们玩出的大名堂，加上 18 世纪至 19 世纪众多的发明，真是不计其数。难怪当时美国一个专利事务所的人说，明天就把我的办公室拆了，因为世界上所有该发明的都发明完了。可事实证明这小子完全错了，发明还远远没有完，玩

家们的本事还大着呢。

1939 年 5 月希特勒和墨索里尼签署《德意同盟条约》，世界大战一触即发。9 月德军发动闪电战，几千辆坦克和几千架飞机突然出现在波兰的大地之上，德国开始大举进攻波兰。随后英法对德宣战，第二次世界大战开始了。

此时德国的一些物理学家向希特勒提议，利用最新的发现制造一种强大的炸弹，让德国具有不可超越的优势。德国陆军部随后决定开始研制。

在这个时候，美国科学家也向罗斯福总统提出了类似的建议，爱因斯坦也在众多科学家联名写给罗斯福的信上签了名。"曼哈顿计划"开始实施。

可是由于德国残害犹太人，使大批德国科学家逃离德国，后来他们之中很多人参加了美国的"曼哈顿计划"。而爱因斯坦由于有共产党嫌疑倒没有加入这个计划。

几年以后的 1945 年，以美国为首的同盟国发现，德国的核计划其实根本没有实施，而当时美国的原子弹已经到了装配阶段。这时，参加"曼哈顿计划"的科学家和爱因斯坦又一次写信给罗斯福总统，要求停止原子弹这种可能会给人类带来巨大灾难的致命武器的制造，但当这封信躺在罗斯福办公桌上的时候，罗斯福却悄然离开了这个世界。所以，这封信没能阻止"曼哈顿计划"的实施。

于是前面说的那段故事发生了。

原子弹在广岛爆炸以后，美国人把爱因斯坦奉为"原子弹之父"。当听说有人说是他按下了原子弹的按钮后，爱因斯坦低声地、一字一句地说："是的，我按了按钮……"

第六章　第三次浪潮

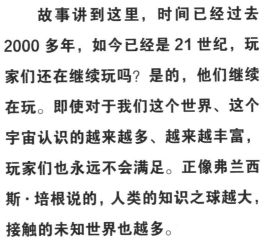

故事讲到这里，时间已经过去2000多年，如今已经是21世纪，玩家们还在继续玩吗？是的，他们继续在玩。即使对于我们这个世界、这个宇宙认识的越来越多、越来越丰富，玩家们也永远不会满足。正像弗兰西斯·培根说的，人类的知识之球越大，接触的未知世界也越多。

《圣经·启示录》上预言过地球的末日，牛顿相信这个预言将会在公元 2000 年发生。在他的两篇文章里都非常严肃地讨论和详细介绍了这件事，两篇文章分别是《丹尼尔预言》和《圣约翰末日预言》。

还真的不能掉以轻心，2000 年到来之前，一些怪事儿真的出现了，《圣经》的预言似乎在步步逼近。

在 20 世纪的最后几十年里，事情变得有点儿不对劲，一个新的群体出现了，那就是蒙着头、只露着俩眼睛的恐怖分子！他们手持火力强大的 AK47，身上绑着炸药，开始到处制造灾难：1972 年 9 月第 20 届柏林奥运会上，恐怖分子劫持 9 名以色列运动员，营救行动失败，9 名运动员全部罹难；1981 年 5 月教皇保罗二世遇刺受伤；同一年 10 月在盛大的阅兵式上埃及总统萨达特被台下的枪手乱枪扫射致死；1984 年 10 月印度总理英迪拉·甘地在步行上班的路上，被她的一名警卫用冲锋枪扫射，身中数弹身亡……

还有一件事，"80 后"大概还会有点印象，那就是"千年虫"事件。有人说在从 1999 年 12 月 31 日 23 点 59 分 59 秒过渡到 2000 年 1 月 1 日 0 点 0 分 0 秒的一瞬间，全球的电脑会全部崩溃！

难道这些真的是世界末日要来的征兆吗？

不过有一个人的预言和《圣经》完全不一样，他叫阿尔温·托夫勒。在他 1980 年出版的一本书《第三次浪潮》里，他说："翻开报纸，人们惊恐地注视着头条大字标题：恐怖分子绑架人质杀人做戏……厄运之歌充斥人间……本书提出与此不同的观点，它的主题是，世界并没有突然转向疯狂……《第三次浪潮》是献给那些人，他们认为，人类的历史远未结束，人类的故事不过是刚刚开始。"

公元 2000 年来到了，《圣经》和牛顿的预言没有发生，那只搞怪的千年虫也没有想象中的那么可怕，一切还在继续。

而托夫勒所预言的"空间时代，信息时代，电子时代，或者是环球一村"，倒似乎是基本实现了。我们的世界在世纪之交时真是发生了天翻地覆的变化，计算机从无到有，而且迅速普及起来，互联网以及通信技术的极大进步让整个地球真的成了一个小村庄。

《第三次浪潮》中文版在 1984 年 12 月由三联书店出版。现在人们把托夫勒称为未来学家，认为他还是个比较靠谱的预言家。

　　20 世纪最杰出的莫过于计算机方面的各种新玩法，而且玩法不断地更新，每次更新都会让整个世界为之一振，这也就是我们现在经常说的创新。说起来创新似乎没有什么，可是只要我们稍微回头看一下，变化之大、之快简直不可想象。20 世纪 80 年代，那时候如果谁拥有一台苹果电脑简直是一件太让人羡慕的事情了，和现在拥有一台宝马 7 系列或者奔驰小跑一样牛气。不过那时个人电脑，只具有一个运算速度 1 MHz 的处理器，没有硬盘，运行的结果是靠一个可以存储 512 K 数据的 3 寸软盘驱动器来完成的。如今拥有一台具有 2 GHz 的处理器，1 TB 存储空间的电脑，还没有到宠物医院给家里的小狗治病花的钱多。

　　要知道，这个过程只经历了不到 30 年！

　　托夫勒所谓的第三次浪潮是延续了人类历史所经历的农耕时代、工业化时代，其实就是我们正在经历的信息时代。

　　计算机也和人类发展历史一样经历了几个不同的时代。人类是从什么时候开始知道数数已经无从查考，不过在非常远古的时代人类就已经会计算了。现在我们的时钟分为 12 个小时，这事是从古巴比伦来的，还有把一个圆分为 360 度也是来自巴比伦，因为他们是玩"60 进位法"。十进制一般被认为是中国人玩出来的。

十进制可能是因为古时候人们经常用 10 个手指帮助计算。除了计算，人类很早也玩出一些计算工具，结绳计数据说是埃及人发明的，算筹（一些像筷子一样的小棍子）和算盘是中国人发明的，到现在还有人在用算盘，这应该属于第一代计算工具。这些算法和计算工具一直沿用了很长时间。

　　16 世纪哥白尼的日心说掀起了科学革命，接着在 17 世纪末 18 世纪初欧洲发生工业革命，牛顿和莱布尼茨发明微积分，计算方法就变得更厉害了，连飘在几十亿千米以外的海王星都给算了出来。这么复杂的运算用纸和笔可不行，于是第二代计算工具——手动计算机出现了，开始时这种计算机和中国的算盘基本是一个原理，只是算起来更快罢了。

随着电学理论和电动技术的发展，在 19 世纪手动计算机变成了电动的。而且还有人想出用继电器作为通断开关，使得计算速度又快了。20 世纪初，爱迪生发明的电灯泡有了个新玩法：英国物理学家约翰·安布罗斯·弗莱明（John Ambrose Fleming，公元 1849 年 — 公元 1945 年）把灯泡变成了可以滤波的电子管，电子管比继电器又快了上万倍。这一下电动计算机再一次如虎添翼，大家欢呼雀跃。

不过这些计算机还都只是个算得特快的算盘，原理上还没有彻底的突破，还不是我们现代能发邮件、能玩电子游戏的电子计算机。那电子计算机是谁玩出来的呢？

第二次世界大战期间，美国陆军为做火炮的弹道实验，开始研制新一代的计算机，因为弹道实验需要巨大数量的计算，当时所有办法和所有计算机都嫌太慢。直到 1945 年，第二次世界大战结束好几个月后，这台计算机才研制成功。这就是被计算机史学家称为世界上第一台电子计算机的"ENIAC（埃尼阿克）"，

它每秒钟可以运算 5000 次。不过这个家伙用了 18000 个电子管，能摆满一个羽毛球场。

要是到现在我们还在玩这个大家伙，计算机永远也不会成为孩子们的玩具和人们不可或缺的办公工具。计算机可以成为我们所有人的大玩具还要指望另外几位玩家。

把 "ENIAC" 变成现代的计算机还要解决不少问题。首先 "ENIAC" 不通用，每算一个题目要事先把程序设计出来，还要花一个多小时把各种电线插好，然后才能开始运算。换个题目，这个过程就要再来一遍，最麻烦的是重新插电线。好家伙，这样的计算机想不累死几个人都不行。另外 "ENIAC" 还使用十进制，算起来还是太慢。这可咋办呢？

1946 年冯·诺依曼（John von Neumann，公元 1903 年 — 公元 1957 年）来了，他根据机器运算的特点，把十进制改为二进制，只剩下 "0" 和 "1"；他把计算机的结构分为运算器、控制器、存储器、输入设备和输出设备五大块。计算机玩到这个时候，总算和现在的计算机没啥大区别了。但是诺依曼没有解决计算机通用性的问题，计算每个问题还需要特别设计程序才行。

解决计算机通用性的问题，我们还不应该忘记一个天才的玩

家，他的名字叫图灵（Alan Mathison Turing，公元 1912 年 — 公元 1954 年）。有人把图灵称为计算机科学之父，原因就是他玩出了一个假象的机器——图灵机（Turing Machine）。

图灵机在用机器代替人拿着笔和橡皮做数学题的假设下，把计算分为两个简单的动作：①在纸上写或者用橡皮擦除符号；②注意力从纸的一个位置移动到另一个位置。根据这两个简单的动作，图灵创造了一个假象的机器，这就是所谓的图灵机。玩过编程的人估计还记得，不久前还在使用的 BASIC 语言，用这套语言编程时要使用的 Head、Table 等，就是从这个假象的图灵机而来（关于图灵机的基本设想大家有兴趣可以去查更专业的书或者文章）。图灵这一假象不要紧，计算机通用性的问题却迎刃而解了，是图灵的假象让计算机成为如今我们大多数人工作中不可或缺的好搭档，闲暇时还可以用它来种菜、偷菜消磨时光。

不过图灵是个悲剧式的人物，他是一个同性恋者。在那个对同性恋还充满偏见和敌意的时代，因为一件不大的事情，图灵被判有罪，并接受"化学阉割"（就是被迫注射雌性荷尔蒙，图灵可是一个正儿八经的爷们），最终导致图灵自杀。这一年是 1954 年，据说图灵只咬了一口有毒的苹果。

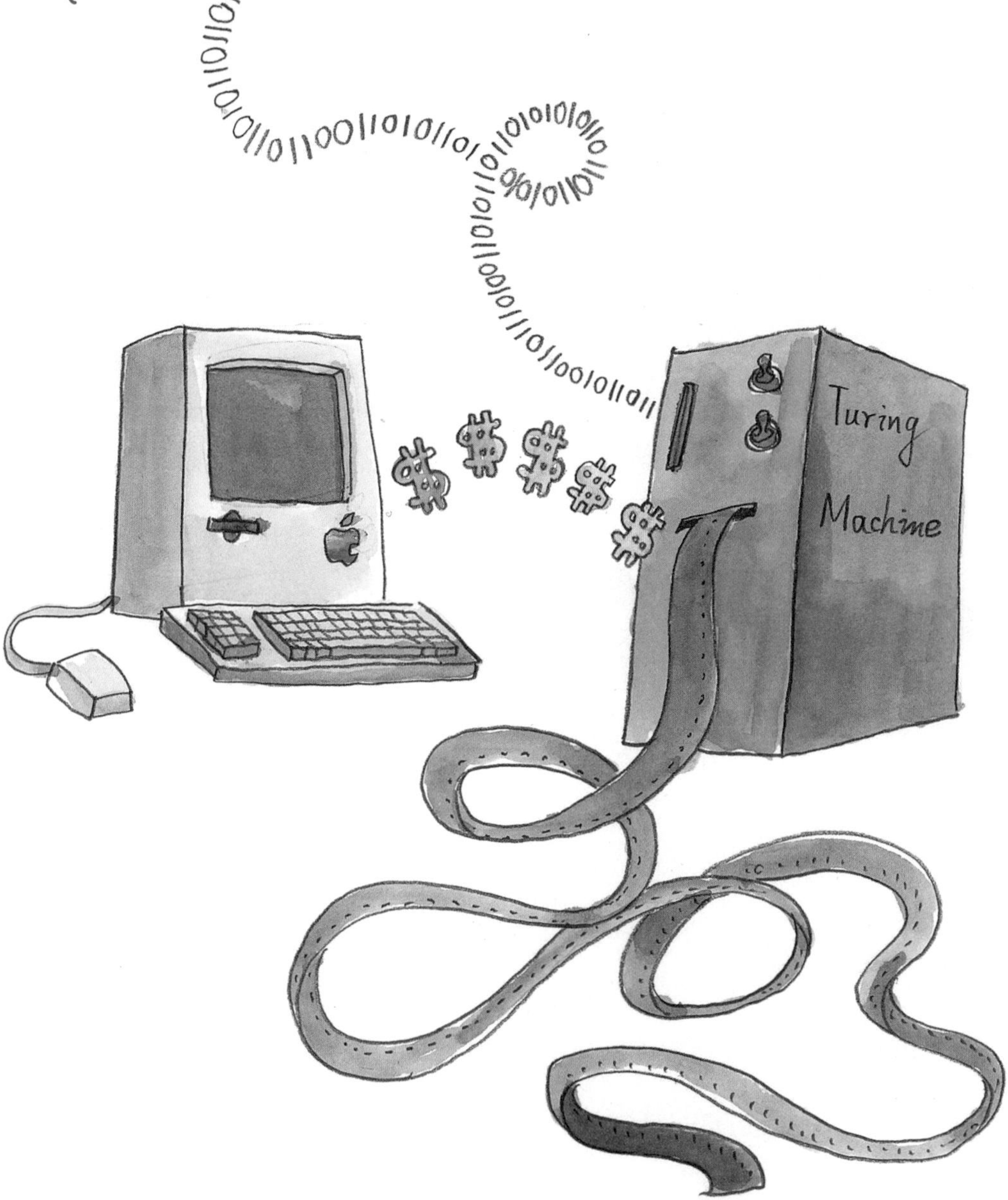
Turing
Machine

但是，他的成就是不可抹杀的。2009年9月10日英国首相布朗公开撰文，为政府对图灵以同性恋相关的罪名判罪，并导致他自杀公开道歉，布朗说："我们太无情了。"

可为啥英国首相会在几十年以后还不忘向这位玩家道歉呢？这里面还有一段故事。图灵是个数学天才，甚至是个怪才。在第二次世界大战爆发之后的第4天，即1939年9月4日，图灵应征来到一个叫"庄园"的地方，那里其实就是英国谍报部门为破解法西斯德国密码而设立的破译机构。图灵在"庄园"里的杰出贡献使德国极其复杂的"Enigma（谜）"式密码机成为废物，英国首相在他的文章里这样说："如果没有他的卓越贡献，二战的历史也许会被重写。"

1966年美国计算机协会为奖励在计算机事业上做出重要贡献的个人设立了图灵奖（Turing Award）。

20世纪50年代是计算机技术大发展的时代。半导体晶体管的发明为电子计算机又加上了新的翅膀。美国的IBM公司也在这个时代从一家造钟表和手摇计算机的工厂摇身一变，成为全球最大的电子计算机制造商。

值得一提的是，1949年，中国这头被腐朽的封建文化禁锢了

2000 多年的雄狮终于醒了过来，"中国人民站起来了！"科学成为建设这个几乎被战争焚毁的国家的强大力量。1958 年 8 月 1 日，站起来以后的中国人制造的第一台电子计算机出现了。

不过无论是图灵、诺依曼还是 IBM、HP，他们都不是让计算机成为今天我们大家知心朋友的人或者公司。计算机能够成为我们的知心朋友，而且价格越来越便宜，是要感谢另外两个大玩家的出现，他们就是史蒂夫·乔布斯（Steve Jobs，公元 1955 年 — 公元 2011 年）和比尔·盖茨（William H. Gates，公元 1955 年 — ）。

乔布斯应当说是我们这个时代最富创新精神，最富浪漫艺术色彩和海盗般冒险精神的大玩家。这个出生于旧金山，不久就被未婚先孕的母亲交给一对夫妇收养的孩子，小时候性格沉默、孤僻，早熟，不过少不了的是聪明。上高中的时候他认识了人称"神奇巫师沃兹"的沃兹尼亚克（Stephen Gary Wozniak，公元 1950 年—），并在一起玩"蓝匣子"（蓝匣子是一种能盗用别人电话线路的玩意儿，应该是个非法产品），他们还把"蓝匣子"变成一个能盗打长途电话的魔盒。这个"小坏蛋"大学只上了 6 个月就溜了，而且迷上佛学，竟然一个人跑到印度光着脚丫子念

起经来。这个满脑袋都是鬼主意的小子，哪里有可能静下心来吃斋念佛。

碰了一鼻子灰，狼狈逃窜回来以后的乔布斯，玩起了他自己最喜欢玩，并且让他功成名就的东西——电脑。1977 年他和沃兹尼亚克玩出来的那个被咬了一口的苹果，现在已经成为家喻户晓的国际大公司——苹果电脑公司（据说这个咬了一口的苹果商标和图灵的故事有关）。苹果个人电脑 20 世纪 80 年代进入中国，

带动了中国正在兴起的计算机产业。

开始乔布斯好像不太会赚钱，于是，1985 年乔布斯被苹果公司赶走。个人电脑产业这块大蛋糕被 IBM 和 HP 以及其他许多公司瓜分。然而，乔布斯毕竟是个玩家，离开苹果后他也没闲着，这小子收购了一家动画制作公司 Pixar（皮克斯）。我们在看动画片的时候，片头如果看见一个会跳舞的小台灯，那就是乔布斯在皮克斯干的头一件事——加入了动画短片《Luxo Jr.》（《顽皮跳跳灯》）里的主角"跳跳灯"。如今"跳跳灯"已经成为皮克斯的象征。乔布斯不但玩动画片，还开发了一系列电脑动画辅助系统，这些辅助系统是成就如今美国大片的利器，也是所有玩动画的玩家梦寐以求的（不过价钱不菲）。1995 年世界上第一部全电脑制作的动画片《玩具总动员》制作完成，全世界票房将近 4 亿美元，让乔布斯大赚一笔。

1996 年底乔布斯又荣归"故里"，重掌苹果大印，一系列苹果产品 iMac、iBook、iPod、iPhone 让全世界眼前一亮。

他怎么会这么厉害呢？就像他自己说的那样："你必须找到你所爱的东西。"啥是他爱的东西呢？玩！

盖茨和乔布斯有个很像的地方，那就是他们都没念完大学就

开玩了。不过他没有乔布斯那么浪漫，他只认准了一样东西——软件，并且不停地玩了下去，他要把自己的玩法玩成世界的标准。现在微软公司拥有的财产已经很多年稳居世界第一，盖茨也常年占据着世界首富的宝座。

都是玩家，乔布斯和盖茨却完全不一样。乔布斯的特点是叛逆、浪漫、野心十足、不按常规出牌；盖茨是聪明绝顶、顽强，虽然同样是野心勃勃，却极富商业头脑。盖茨开始野心并不是很大，甚至只想做苹果公司的一个小兄弟。1984 年，就在乔布斯被苹果公司赶出去的前一年，盖茨的微软公司还在和苹果合作，共同开发苹果的图形视窗系统，微软为苹果的图形视窗设计了文字处理软件 Word 和表格处理软件 Excel。公平地说 Macintosh（苹果电脑的操作系统）的成功是要感谢微软这个当年的小兄弟的。而盖茨也在乔布斯那里学到了很多东西。

盖茨在自己写的《未来之路》里这样写道："在开发 Mac 机的整个过程中，我们都和苹果公司紧密合作。史蒂夫·乔布斯领导了 Mac 机研制小组，和他一块工作真有趣。史蒂夫有一种从事工程设计的令人惊讶的直觉能力，也有一种激励世界级人物向前的特殊本领。"

如今盖茨创立的微软公司不但让 Windows 成为电脑操作系统的一种工业标准，而且在互联网的各种应用程序上也独占鳌头。

乔布斯和盖茨是现代玩家的两个巨人，他们的创造改变了我们的生活，比如，让邮件满天飞、敲敲键盘就能赚钱、利用信用卡透支、闲着没事去偷菜等。更重要的是，从此整个世界都改变了，而且是天翻地覆的改变。

第七章　永远的玩家

几千年来，玩家们不但玩出了许多令人吃惊的理论和学问，而且我们还可以从这些学问里得到无穷的快乐和便利。此外，他们还玩出了一件事情，那就是思维方式的改变。这种思维方式的改变，再次为玩家们提供了利器，让寻找斯芬克斯微笑背后秘密的玩家们可以继续玩下去。

　　玩家们玩了几千年，玩出了现在被大伙儿称之为科学的玩意儿。老多在这里花了好几千个小时，爬了十几万个格子，目的就是试图告诉大伙儿，科学是起源于远古时代玩家对大自然奇怪现象的好奇、迷惑、幻想和追问。而这些玩家的好奇、迷惑、幻想和追问几千年来又像接力赛一样被许多玩家一棒接一棒地传下来，一直跑到了今天，人类才终于可以逐渐解开斯芬克斯式微笑背后的很多谜团。

　　力学、光学、电学、化学、生物学、医学还有天文学、地理学、古生物学等学问，是从古至今的玩家像接力赛一样玩出来的，这点恐怕不会有人提出疑问。可是，如今只能拿那些蝌蚪一样的符号才可以说明和描述的学问，像相对论、量子力学，还有什么熵增、黑体、宇称守恒、黑洞、虫洞、混沌和涌现等，这些听起来马上就能让人昏死过去的学问难道也是玩家玩出来的？

　　答案是肯定的，是玩出来的。不过，这些学问如果不用那些蝌蚪一样的古怪数学符号描述，还真不太容易说得清楚。于是老多又花了几百个小时，看了好几本书，有点儿像当年爱因斯坦为了玩广义相对论，专门苦读了好几年的黎曼几何。

　　那些只能用蝌蚪一样的符号才能描述的学问，之所以让我们

这些芸芸众生一看就晕菜，就是因为这种学问已经完全脱离和超越了一般的思维方式。而这种思维方式是从 20 世纪初开始的，是人类思维方式的一次巨大飞跃和创新，是人类智慧自古希腊开始理性思维以来的又一个里程碑。

啥叫一般的思维方式呢？就像爱因斯坦 1920 年在荷兰莱顿大学的一次报告上说的："当我们试图以因果关系的方式来深入理解我们在物体上所形成的经验时，初看起来，似乎除了由直接的接触所产生的那些相互作用，比如，由碰、压和拉来传递运动，用火焰来加热或引起燃烧，等等，此外就没有别种相互作用了。"爱因斯坦说的因果关系都是我们可以直接感觉或者观察到的，比如小时候淘气挨了老爸一巴掌，就会感觉到屁股上火辣辣地疼。通过因果关系理解自然现象就是一般的思维方式。

思维方式的变化应该是老天赏赐给咱们人类的一件独特礼物，其他动物基本没这福分。人类由于对世界的好奇，又得不到解释，于是首先出现了巫师和神仙。远古时代的人类想通过"无所不知"的巫师和神仙去了解这个神秘莫测的世界。这样的思维方式也许持续时间最长，起码也有上万年。

后来有些人开始怀疑了，按照西方的说法第一个怀疑的人就

是泰勒斯，他开创了理性思维的时代，被称为第一个科学家。不过那时候的所谓科学家和相信巫师神灵的人还差不多，只是依靠自身的体验和观察提出一些思辨和学说，没有进一步去证实这些思辨和学说。这些古代圣人的学问被后人惶而恐之地继承了下来，不敢有丝毫的怀疑和怠慢，就这样又过了大约 2000 年。

到了 16 世纪，有个叫伽利略的人出现了，他又开始怀疑了。他说，我们可不可以去试一试呢？于是科学中又有了新的玩法——实验。接着 17 世纪伟大的牛顿来了，他不仅接受实验，还带来了另一样更好玩的——微积分。从此玩家们不但有了实验，还有了数学，于是科学如虎添翼，大行其道。

这就是人类从古到今思维方式的三次变化，不过这些思维方式的基础，无论神灵、思辨、实验和数学还基本离不开爱因斯坦说的因果关系，所以还是属于一般的思维方式。那些看不见、摸不着的东西仍然躲在一个个阴暗的角落里，如同斯芬克斯的微笑，在嘲笑着我们这些可怜的人类。

而相对论还有像量子力学这样让普通人看了就眼晕的学问，就是为了研究那些看不见、摸不着的东西。爱因斯坦说过一句话："如果按照逻辑思维，你可以从 A 到 B，如果按照想象思维，你

$$\int_a^b f(x)dx = F(b) - F(a)$$

可以到达任何地方。"

那爱因斯坦是怎么琢磨出相对论的呢?

其实即使像他自己说的那样,按照想象,也还是需要从前辈的理论中吸取营养,只不过那是对前辈知识的更加具有创新的传承。

关于爱因斯坦的前辈不往太远说,起码也应该追溯到牛顿。17世纪,牛顿用数学的办法提出了万有引力,但是他自己也不敢肯定这个万有引力是怎么实现的,因为那时候大家所有的认识还要凭借所谓的因果关系。而大老远的太阳咋就能把我们偌大的地球给吸住,让地球这么乖地围着太阳没日没夜地转呢?于是牛顿搬出来一个古老的概念——以太,他说这种万有引力是通过宇宙中无处不在的以太来实现的。古希腊人认为以太是一种非常稀薄的物质,以太(aether)和乙醚(ether)来自于一个共同的词源——希腊语 aither。如果以太真的是一种物质,那玩家们相信无论它怎么藏着都是会被发现的,就像以往玩家们所有的发现那样。于是有人就开始苦苦地寻找这个神秘的、无所不在的以太。

美国物理学家迈克耳孙(Albert Abraham Michelson,公元1852年—公元1931年)在1882年用更先进的方法对光速进行了更精确的测定，即每秒大约 30 万千米（他当年测定的光速是每秒 299853.1882 千米，1926 年他又修正为每秒 299796 千米）。

　　1887 年迈克耳孙又拉着另一个美国物理学家玩了一个实验，那就是著名的迈克耳孙 – 莫雷实验。他们想用非常灵敏的干涉仪来寻找以太存在的证据。实验的依据是这样的：地球是以每秒

465 米的速度自转，同时地球又以每秒 30 千米的速度围绕太阳公转。如果一束光向地球不同方向射出，根据牛顿力学的原理，光是在以太中传播，那么与地球运动方向一致时，光速就会叠加上地球的速度，是光速和地球本身速度之和，反之要减去地球的速度。就像我们在火车上往前扔一个球，球速是火车速度和扔出的球的速度之和，如果往车窗外与运动方向垂直方向扔球，球就会向前斜着飞。

可无论这两个大物理学家怎么试，光速纹丝不变，没有一丝一毫的增加和减少，这个实验的结果无情地否定了他们的初衷，以太似乎根本不存在。这个实验把在光速情况下牛顿力学中关于运动的理论给动摇了。这就为爱因斯坦的想象留下了极大的空间，因为据说爱因斯坦 16 岁的时候就在琢磨一个问题——如果我们是以光速在运动，那世界将会是个啥样子呢？ 1905 年爱因斯坦在他的一篇论文中说："由于人们无法探测出自己是否相对于以太的运动，因此，关于以太的整个观念纯属多余。"

如果说迈克耳孙和莫雷在运动上给爱因斯坦创造了想象的空间，那么，另一个人则给爱因斯坦在时间上创造了想象的空间，他就是洛伦兹（Hendrik Antoon Lorentz，公元 1853 年 — 公元

1928 年）。

荷兰物理学家洛伦兹在 1892 年提出的洛伦兹变换是一个数学公式，或者是一套非常奇怪的计算方法。洛伦兹变换说明了一个很容易理解的问题，那就是这个宇宙中时间不是绝对的。

怎么解释呢？牛顿力学认为，时间就像一条直线，在不断地流逝，是绝对的。孔夫子也说过："逝者如斯夫。"意思是时间就像眼前的流水一样一去不复返。

就在 1887 年迈克耳孙和莫雷正玩以太实验的时候，中国的清政府与葡萄牙签订《中葡和好通商条约》："由中国坚准葡国永驻管理澳门以及属澳之地，与葡国治理他处无异。"而 1892 年洛伦兹提出他的著名数学公式的时候，我们伟大的先行者孙中山先生从香港西医书院毕业，正式成为一名医生。被梁启超称之为少年中国的时代终于就要来临了。

洛伦兹变换颠覆了牛顿关于绝对时间这条真理。当然这是有条件的，也就是如果时间和光速结合，那么就会出现一种我们以

前意想不到的情况。打个比方，我们现在都知道，在宇宙中距离我们最近的一颗恒星——比邻星与地球的距离是 4.2 光年，也就是说我们现在看到的那颗星星上发生的事情，是那颗星星上 4 年多以前发生的事情。如果可以看见那上面有个人在放羊，我们看到的其实是那上面的羊倌儿 4 年多以前干的事儿。反过来，那个羊倌儿现在看到的是什么呢？肯定不是我们的现在，而是 4 年多以后的事。这怎么可能呢？可事情就应该是这样，一点都没错。时间在光速的情况下是相对的，处于运动中的物体的时间并不相同。这样洛伦兹变换就为爱因斯坦在时间上创造了想象的空间。

爱因斯坦的相对论最重要的两点：一就是运动，二就是时间。1905 年，爱因斯坦写了 5 篇论文，在其中一篇《论动体的电动力学》中，爱因斯坦提出了他著名的相对论，这个看不见、摸不着的理论让整个世界为之震撼。

这篇论文没有使他得到诺贝尔奖，得奖的是另一篇关于光电效应的论文《关于光的产生和转化的一个试探性的观点》。说来也巧，就在 2009 年 10 月 6 日公布的诺贝尔物理学奖得主中有两个美国科学家，他们就是因为在 1969 年发明了电耦合器件，也就是我们现在数码相机里的 CCD 而获奖。这个电耦合器件正是应

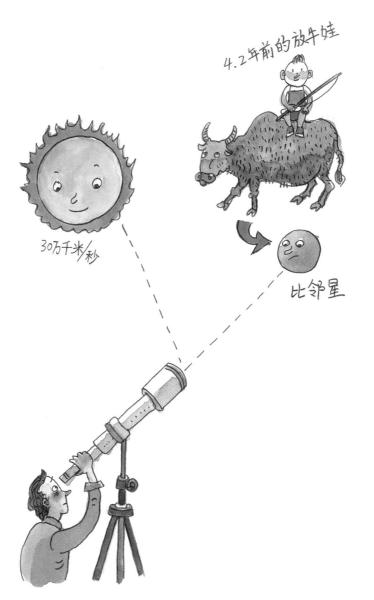

4.2年前的放牛娃

30万千米/秒

比邻星

用了爱因斯坦当年发现的光电效应理论而创造出来的。爱因斯坦当年的发现在沉寂了几十年后，终于把我们带进了一个美妙无比的数码影像世界。

看不见、摸不着的理论除了爱因斯坦的相对论还有很多。相对论是起源于对运动和时间的全新思考；量子力学则是从光的波粒二象性为起源；热力学第二定律又衍生出让我们更加琢磨不透的理论——黑体、混沌宇宙、宇宙演化（这其中也包括达尔文的生物演化理论）、系统论、突变、涌现等。

而这些全新的理论和全新的思维方式是爱因斯坦最先玩出来的吗？还不是。比爱因斯坦早几十年的达尔文也许是头一个玩新思维的玩家。达尔文提出的那个至今还被大伙儿争论不休的生物进化论，也是我们一般的思维根本无法理解和想象的。人类可怜的生命，只能在世上游荡区区几十年，最多一百来年。这么短的生命，想看见进化是完全不够也是完全不可能的。谁也别想在活着的时候看见猴子变成人的过程，做梦都别想。可达尔文也不过活了73岁，他凭什么就敢说生物是进化而来的而不是上帝创造的，难道他看见了？

达尔文凭着眼睛肯定是看不见的，不过凭着智慧，凭着爱因

斯坦说的"想象"，达尔文看见了。达尔文虽然不是忠实的基督教徒，可受当时社会背景的影响，对上帝创造万物的事情也是毫不怀疑的。不过当他坐着"贝格尔号"围着地球转了一圈——在巴西的热带雨林他一天就抓住 68 种甲虫，一个早上他就从树上打下 80 多种不同的小鸟（好在那是 19 世纪，如果是现在一个早上打 80 多种鸟非蹲上半辈子监狱不可）后，达尔文不得不问自己，如此千变万化、新奇百怪的动物难道都是上帝创造的？达尔文开始怀疑了。

回去以后他又花了 20 多年的时间不断钻研，终于有一天达尔文明白了，他说："我逐渐认识到，《旧约全书》中有明显伪造世界历史的东西……我逐渐不再相信基督是神的化身以致最后完全不信神了。"达尔文的这种改变不仅仅是对《圣经》的否定，而且是人类思维方式的大胆飞跃。他认为进化是生物发展的唯一途径。

人是猴子变的，这不光上帝听见了不干，任何一个人刚一听说估计也会吓一大跳。所以达尔文的进化论从一开始就遭到来自各个方面人士的反对，其中神学家的反对是肯定的。

但除了神学家还有两方面的人也不同意进化论，这些人都是

非常理性的人群。一方面是人文主义者，他们坚决反对达尔文物竞天择、适者生存、优胜劣汰的观点。人文主义者是提倡平等、提倡同情弱者的，他们哪能接受如此残酷的进化理论。

另一方面是科学家，他们有两种不同的看法：一种认为进化论提出的适者生存是毫无意义的，因为只要是生存着的生物，都是适者，不是适者我们也看不见了，达尔文说的是废话；另一种虽然不反对进化论的合理性，但他们认为进化论不具有预见性，也就是说谁也无法预见人或者猫将来会进化成啥样子，所以他们认为进化论不是一个完备的理论，而是一种对生物现象的描述。这些反对和争论一直到现在也没有停止过。

不过，无论达尔文的进化论多么废话、不完备、不具有预见性，在当代的生物学上却实实在在地起到了非常大的作用，并让我们享受到生物学的进步在农业、畜牧业和食品、药品还有化妆品等方面所带来的各种好处。因为，进化论是人类智慧的一次真正的飞跃。

如今，这些思维方式的伟大飞跃和创新所带来的不仅仅是自然科学上的进步，同时对现代和将来的经济学、人类学、社会学和哲学诸多方面都具有非常重要的意义，人类已经走向了一个解开宇宙之谜，最终挑战斯芬克斯式微笑的时代。

而这一切，我们都别忘了要感谢几千年来那些伟大的、贪玩的、并不追求名利的玩家们。如同爱因斯坦 1952 年在拒绝了刚刚成立的以色列政府授予的总统职位后说的那样："政治是暂时的，而方程是永恒的。"

第八章　保持饥饿，保留愚蠢

只有在感到饥饿的时候，我们才能对食物充满欲望；只有敢于大声说出"我不知道"，我们才能保持着不断学习、不断思考的科学精神。

　　本套书把从几千年前到现在的许许多多玩家都数落了一遍，就像英国伟大的科学史家丹皮尔在他的诗中说的：

　　　　最初，人们尝试用魔咒，

　　　　来使大地丰产，

　　　　来使家禽牲畜不受摧残，

　　　　来使幼小者降生时平平安安。

　　　　接着，他们又祈求反复无常的天神，

　　　　不要降下大火与洪水的灾难，

　　　　他们的烟火缭绕的祭品，

　　　　在鲜血染红的祭坛上焚烧。

　　　　后来又有大胆的哲人和圣贤，

　　　　制订了一套固定不变的方案，

　　　　想用思维或神圣的书卷，

　　　　来证明大自然应该如此这般。

但是大自然在微笑——斯芬克斯式的微笑，

注视着好景不长的哲人和圣贤，

她耐心地等了一会——

他们的方案就烟消云散。

接着就来了一批热心人，地位比较卑贱，

他们并没有什么完整的方案，

满足于扮演跑龙套的角色，

只是观察、幻想和检验。

从此，在混沌一团中，

字谜画的碎片就渐次展现；

人们摸清了大自然的脾气，

服从大自然，又能控制大自然。

变化不已的图案在远方闪光，

它的景象不断变换，

却没有揭示出碎片的底细，

更没有揭示出字谜画的意义。

大自然在微笑——

仍然没有供出她内心的秘密；

她不可思议地保护着，

猜不透的斯芬克斯之谜。

斯芬克斯还在微笑，那我们是不是还要继续玩下去呢？

用乔布斯 2005 年 6 月 12 号在斯坦福大学毕业典礼上发言的最后一句话来说明这个问题似乎挺合适："Stay hungry，stay foolish。"

让我们保持饥饿，保留愚蠢！